幸好不漂亮

Luckily I am not pretty

萧绰 / 著

民主与建设出版社
· 北京 ·

© 民主与建设出版社，2020

图书在版编目（CIP）数据

幸好不漂亮 / 萧绰著. —— 北京：民主与建设出版社，2020.1
ISBN 978-7-5139-2847-2

Ⅰ.①幸… Ⅱ.①萧… Ⅲ.①个人 - 修养 - 通俗读物 Ⅳ.①B825-49

中国版本图书馆 CIP 数据核字（2019）第 270442 号

幸好不漂亮

XINGHAO BUPIAOLIANG

出版人	李声笑
著　者	萧　绰
责任编辑	程　旭　周　艺
封面设计	平　平
出版发行	民主与建设出版社有限责任公司
电　话	（010）59417747　59419778
地　址	北京市海淀区西三环中路 10 号望海楼 E 座 7 层
邮　编	100142
印　刷	朗翔印刷（天津）有限公司
版　次	2020 年 1 月第 1 版
印　次	2020 年 1 月第 1 次印刷
开　本	787 毫米 ×1092 毫米　1/32
印　张	7
字　数	100 千字
书　号	ISBN 978-7-5139-2847-2
定　价	46.80 元

注：如有印、装质量问题，请与出版社联系

序言
PREFACE

漂不漂亮,时间会给你答案

"是什么让你每天看起来都神采奕奕,从不止步于现在所取得的成绩?有什么秘诀吗?我可不会在人生的中场时刻选择再次创业。"一次聚会后,一位朋友这样问我。

"其实没什么秘诀,只不过,我能看到十年后自己的样子。"我笃定地说道。

是的,我曾经历过不堪回首的事业困顿期,眼看着就能实现体量翻倍的公司面临十年来最大的危机,为了顾全大局,我选择了离开……似乎,曾经的胼手胝足、呕心沥血都将在一瞬间化为泡影。

学习游泳时，可能有100种方式，而呛水却很简单，那就是不愿承认你呛水了。我得承认，那一次，我呛着了。

在投资原理中，你期待得到的投资回报率越高，需要承担的风险就越大。身在商场，就无法避免风险。很快地，我接纳了自己暂时的失意，复盘了这次事件的前因后果，从混乱中找到了解决之道，迅速振作起来。

我决定二次创业。

因为，我清楚地知道自己的优势所在，我拥有别人无法夺走的策划经验和出版经验，这一点，让我在第一次创业时把公司做到了不错的规模，第二次，我也能。

我深信，十年后的我，有着坚定无畏的眼神，和更加积极包容的心态；十年后的我，被一群朝气蓬勃的年轻人包围着，在一次次脑力激荡中创作出更多的好作品；十年后，公司已经有一定的影响力，并通过书籍、知识付费、线上教育等方式对更多人产生积极的影响……

更重要的是，十年后，我会有更多的闲暇和爱人一起共度愉悦时光……

何其有幸，一直在身后默默支持我的他，始终对我不离不弃，无条件支持。

我们是在工作之后才相遇的。他善良又体贴，这些年的感情也始终不变。晚上如果回家迟了，他会打电话来细细叮咛。有任何委屈痛苦，他都会想法子帮我化解。

曾经，和他一起去看我的朋友。朋友开玩笑说，我长得没有他好看。我一挺胸说，我觉得我挺好看的呀！其实，我真的不漂亮，我心里也清楚。但我敢想敢干，有着一颗永远不服输的心，不是那么看重一城一地的得失，同时还善解人意，这一点，也许是我性格中最大的优势。

其实，我们想要的，不过是好的、相互扶持的感情，可以柴米油盐，也可以琴瑟和鸣，这需要我们付出共同的努力。实现自己梦想的同时，还能拥有美满的家庭，这是可能的。我既想做一位出色的妻子、妈妈，也想做出色的自己。但我需要兼顾事业和家庭，所以，我必须比别人更努力。

在工作场合，我从来都不是精致的职场ＯＬ打扮。在讨论任命我做集团财务总监的会议上，后来有参会的人告诉我说，老板说，她经常穿的都是牛仔裤，以后商务场合可不可以注意点儿。真正让我在职场上进步，以及后来支撑我创业的东西，是我内心一种澎湃奔涌的力量，和我平时乐观豁达的处世风格，和相貌一点关系都没有。

人们会接受你真实的样子，哪怕这需要他们花时间去习惯。即使你和他们认识的别的女性不一样，即使你和他们想象中的女性特质不一样，你也可以成为你想成为的那个人。

好看的人和富二代一样，总是可以理所当然地接受命运的馈赠；而相貌平平的我们，则学会了怎么应对生活，怎么在没有得到老天的礼物的情况下发展出自己的优势。

也许，你曾经因为不好看，而觉得自己从小就没有得到足够的爱。不过，爱和世间的其他事情一样，往往不能一步到位。因为爱也是一种能力，需要在不同的经历中慢慢打磨。

而人们挂在嘴边、梦寐以求的所谓情商高，其实就是给出爱的能力比较高。也许这种爱不是具体的关心，它更有可能表现为一种让人舒适的感受。在我的理解中，情商从来都不是刻意讨好别人，而是让接触到你的每个人都变得更自由，也更具包容心。我认为，这更符合美的真谛，因为美就是一种让人愉快的力量。

美，也不仅限于漂亮的外表和美好的心灵，更在于敢于向不完美的人生宣战的勇气。

我长得很普通，但我很少去过度关注自己的长相，即使偶尔想到，也甚觉幸运。因为在我看来，漂亮是一种需要驾驭的资源，而年轻时，我们往往缺乏驾驭的能力。而那些觉得自己不漂亮的人，更可能获得一项特别的能力，那就是打破生活局限的能力。不漂亮好不好，要看你怎么去看待。从这个意义上说，长得美，不如"想"得美。

只要我们拥有足够的自信，就可以设计自己的生活，做自己人生的导演。

果敢而优雅，无畏而坚定，内心丰盈而有力量，这是我对自己的期待，也是送给你的祝福。

真正的美，并不是给外人看的，而是自己对自己的感知。是让身心由内而外真正的舒展——让那个真正的自己走出来，就已足够的迷人。

目录

第一章 CHAPTER

命运所馈赠的礼物，早已在暗中标好了价格

1. 漂亮是捷径，也是险招 / 003
2. 仅凭美貌，是没办法与世界周旋的 / 008
3. 无条件的获得，是失去的开始 / 013
4. 有"外挂"的人生最难被认可，
   对才能的使用，也是一种才能 / 017
5. 被关注是一把双刃剑 / 022
6. 把成功归因为颜值，是一种懒惰 / 027
7. 越被命运眷顾，越是满身包袱 / 032

第二章 不要让所有天赋和努力被一句"天选"轻轻掩埋

1. 任何一种风情,都不是为了满足他人的凝视 / 038
2. 幻丑症,一场没有终点的噩梦 / 042
3. 颜值真的是正义吗 / 046
4. 极致的美,是让男生女生都喜欢 / 051
5. 给生命留点缺口,才能看清这个世界 / 054
6. 25 岁之后的容貌是自己给的 / 058
7. 颜值是一种通用社交币 / 062

第三章 给你安全感的不是"依靠"而是"成为"

1. 哪有什么低颜值,不过是缺爱罢了 / 069
2. 颜值不等于价值 / 074
3. 美貌是走俏货,但并非硬通货 / 078
4. 幸好不漂亮 / 082
5. 美貌在被谁消费? / 088
6. 先开口就一定会输吗 / 092

颜值是一枚限量版纪念币

1. 有一种美叫耐看 / 101
2. 你有多美，取决于你怎么定义美 / 105
3. 漂亮这个人设，我不要 / 109
4. 别让颜值，成为人生的最高值 / 113

第四章 CHAPTER

智慧比颜值更能带来一场心动

1. 平凡是爱最恒久的本质 / 121
2. 因为遗憾，我们爱好看的人 / 125
3. 有审美就有疲劳 / 129
4. 对味的人永远都有共同话题 / 134
5. 郎才女貌只是感情的额外赠品 / 138

第五章 CHAPTER

第六章 把美当作结果，而不是开端

1. 优势也是一种限制 / 147
2. 当你找到你自己，才能找到你的美 / 151
3. 自律是持久美貌的利器 / 155
4. 知性到底美不美？ / 159
5. 最大的幸运，是按自己的节奏成长 / 163
6. 魅力源于美但高于美 / 167
7. 别让美成为一种暴力 / 171

第七章 生命的重心在它褪尽铅华之后

1. 所谓撒娇，不过是内心的小女生现了原形 / 179
2. 让人戒不掉的那些情，都与颜值无关 / 183
3. 做你喜欢的事，顺便把年纪变成气质和才情 / 188
4. 微胖的人，才是这个时代的宠儿 / 192
5. 看着顺眼，其实是最高的境界 / 197
6. 美，就是自带仪式感 / 202

CHAPTER 01

命运所馈赠的礼物，
早已在暗中标好了价格

1. 漂亮是捷径,也是险招

某天,新书发布会,有个女孩跑来问我:她觉得自己的命太苦了,为什么会这样?

我说,不要羡慕别人命好,永远不要。

天生命好的人,我见过不少。

在我念书的时候,结识了一位外系的同学。她漂亮、时尚、成绩好,不仅学校里的男生都围着她打转,就连一些有体面工作的社会精英人士也来向她献殷勤。

对于婚姻,她有很大的选择余地,精心拣选一番后,她和一位简直算得上十全十美的男子走入了婚姻。

婚后,先生的表现的确是无可挑剔。他工作勤勉,自觉承担家务,孝敬双方父母。可我的这位同学总是感到空虚,想发脾气,却又找不到任何理由。她总是觉得很冷,到后来晚上都要戴着手套、穿着袜子睡觉。

她的这段婚姻在八年后以男方"遇到真爱"宣告结束。这位同学闷闷不乐,她不明白问题出在哪里,咨询了很多人,也找了心理医师,最后才明白,是因为这段婚姻缺乏真正的情感交流,他只是在做自己心中的好老公,如此才能配得上这样的好太太。

这样的结局,说不上谁对谁错,两个人都是受害者。

更让她感到压抑的是,在婚姻破裂之前,她连倾诉对象都找不到。所有人都觉得她非常幸福,幸福极了,偶尔的几句抱怨也被当作一种低调的炫耀。

每个普通人都曾饱尝感情的酸甜苦辣,但这位女神似乎只尝过甜。她见惯了追求者的曲意逢迎与苦苦压抑,以至于分辨不出哪种甜背后带着别人期待的苦涩,哪种甜背后只有追求者程式化的自我设定。

世间所有的幸运,都是收费的。那些没有按时缴费的幸运,多半会加收利息。

因为,即使是对同一个人、同一件事的感情,也会因为时间的流逝,呈现不同的情感体验。比如,一段你想要极力避免的经历,如果发生在过去,就叫作后悔;而如果它尚未发生，只是你对未来的想象，那么你体会到的就只能是焦虑。

再比如，妒忌这种感情，一定混合着对他人的期待，和对自己的失望。

如果你仔细品尝过各种感情的滋味，你会发现世界上没有纯粹的爱与恨，只有在流逝的时间中不断翻腾、不断展现的不同心态。这种不停出现、不停变化的情感，构成真实人性的底层潜流。

不管你多么善于调整自己的心态，感情都会按照它自己的逻辑显现出来，这是感情本身的逻辑，谁也对抗不了。

一个从来未曾从各个维度体验过感情的人，就无法弄懂感情的奥义。

比如，一个幸福的少女，从未尝过思念的滋味就结了婚；婚后，她才猛然发现思念的滋味是那么酸涩却又美妙。于是，她很轻易地就把这种感觉定义为真正的爱情。

素有名媛之称的陆小曼就是如此。她年纪轻轻时就嫁给了高级军官王赓，婚后，平淡如水的生活让她感到无聊。

后来，她遇见了"情诗圣手"徐志摩。徐志摩的感情来得像暴风雨一样猛烈，她也很快动了心。但对于她来说，徐志摩的才气就如王赓的军衔一般，是追求她的男人理所当然具备的基本条件。她对徐志摩的感情也谈不上珍惜，婚后，她不仅过着奢靡的生活，还保持着吸鸦片的恶习。

直到徐志摩去世之后，陆小曼这才体会到了徐志摩作为诗人的价值，开始为了出版他的书稿四处奔波。

思念与等待，欣赏与爱慕，是爱情中原本就包含的情感。普通人因为受挫多，期待低，在感情的开始阶段就体会到这种五味杂陈的感觉，而陆小曼却只粗略地品尝了个大概。

从徐志摩去世的那一天起，人们对陆小曼"不懂珍惜"的谴责就未曾停止。可我却不这样看——一个人要如何去珍惜自己未曾体会过的东西？

没有被完整体验过的感情，往往禁不住岁月，一旦遭遇风雨，一瞬间就会破碎。

这样的情感迷局，不仅仅存在于男女之间的爱情里。

父母对孩子也是如此。天下有多少父母因为担心孩子

CHAPTER 01

受到伤害,就小心翼翼地把孩子的心锁在温室里。可事实是,命运从不给任何人安排直通车。

茨威格在《断头皇后》中说过一句很有名的话:"她那时还年轻,不知道命运的所有馈赠,早已在暗中标好了价格。"

不仅标好了价格,而且还是高利贷。

人在年轻的时候,宽广的未来在眼前渐次打开,即使遭遇了什么坎坷,也有足够的时间和信心去尝试,去调整。

随着时间的流逝,人生一天天丰盈,所有的未来,都是在过去的错误的基础上不断累积。积累越多,坍塌起来就越惨烈。就算发现错了,也已经无法回头。

所以,不要担心眼前的代价,有可能转过头来,它就是老天给你的眷顾。

2. 仅凭美貌,是没办法与世界周旋的

我总是说不必太在意颜值或美貌,有些人可能会觉得,你太不现实了,看不到很多招聘要求上都写着"五官端正"吗?

那么,招聘的时候,甚至是相亲的时候,大家想要的这种"五官端正"或者说美,到底是什么意思呢?

无论是相亲还是招聘,本质上都是一种选拔制度。而我们很多人的梦魇——高考就是选拔人才的机制。

高考是人生中最重要的一次考试,虽然后面还可以考研、考博,但也不排除很多单位很看重所谓"第一学历",也就是你本科上的是什么学校,是不是211、985,是不是双一流。我们不去评判这种现象是否合理,但现实中很多单位的确就是这么做的。

这种做法公平吗?它当然有一定的不公平之处。高考

成绩能完全代表以后的工作能力吗？能看出一个人有没有职业道德吗？不一定。但是，不可否认，高考作为一种延续至今的官方人才筛选制度，还是选拔出了大量心智成熟、智力水平较高的人才。

想在高考这场选拔制度里有一个真正倾囊展示自己的机会，你就不能心理压力太大。即使临场发挥失常，也需要有一定的智力和心理素养去理解和解决问题，这样的能力本身就是这场考试的考核标准之一——这就是高考的公平之处。

美貌也一样。就拿穿衣服来说，一个人能长期保持衣着大方得体，这背后的道理并不简单。首先，能买得起几套衣服，说明有一定的经济水平，基本生活没有问题；能保持衣着的整洁，说明还比较勤快；如果一个人能按照场合穿搭不同的衣服，那就是审美、情商、理解力和社交能力等素质的综合体现。

法国哲学家罗兰·巴特在《流行体系》这本书里，就把服装作为一种表达自己的方式来分析。文学是艺术，音乐是艺术，绘画是艺术，服装搭配得好，那也是艺术。

有些人天生相貌还不错，五官也算端正，但如果不懂得一套穿衣服的道理，就有可能会让人觉得不合群。极端的情况就是大家去吃火锅，有人穿了大袖斗篷，还抱怨别人弄脏了自己的衣服。

而商家推出的所谓OL装（职业女装）、约会装，也是为了迎合不同场合穿不同衣服的需要，提供的便利服务。男生穿搭相对简单，不过，平常你也没见过哪个男士一身西装革履去踢足球的吧？

化妆也是同理。一个女孩有恒心每天化妆，甚至还根据服装和场合选择不同妆容，都是一种能照顾到别人、对自己又有自制力的表现。重要的不是妆化得怎么样，人有多么美，而是你通过化妆、服饰和对美的追求，表现出一种对社会规则的理解和认同。

这就是我所理解的"五官端正"。

曾经有个年轻人想找份理想的工作，就有人指点他，说某老板每天都会去某咖啡馆处理事情，你去那里就能见到他。

这个年轻人很用心，他没有立刻上去和这个老板搭

CHAPTER 01

讪,而是也拿着一个笔记本,坐在隔壁桌处理自己的一些事情。由于他也连着很多天都到这家咖啡馆,有时候老板想要去洗手间,还要请他帮忙照管笔记本。于是,两个人自自然然地聊了起来,很快就熟识了。后来,老板觉得他勤奋又有恒心,就录用了他,对他也很重视。

其实,这个年轻人求职成功的道理,和很多人想选个相貌端正的员工,并没有本质的区别。有耐心,有恒心,有一定的社交能力,能照顾到别人的需要——这也是美背后的一些基础能力。

所以,用不着太看重外表美,也用不着太不在意外表美。我们通常所说的美,本质是一种综合素质。

这种美,不是要让别人多高兴,也不是让自己多高兴,它原本就不是娱乐性的,而是向每个看到你的人发射出一种信号——表示自己日常生活过得没问题,人也比较好沟通——这就是人们在美这个词里寄托的一种基本要求。

《红楼梦》里有这样一段内容:曾经有几个嬷嬷说,有个叫甄宝玉的,长得和贾宝玉十分相似。贾母听了不信,说大家子弟"除了脸上有残疾的,十分黑丑的,大概看去都是一样的齐整"。现在时代变化了,好看不再是什么特权,只要我们稍微做一些修饰,也可以达到这种"一样齐整"的效果。

所以,能够当作通行符号的那种美,既不神秘,也不难以获得,更不用靠天生。而能够充分发现并得体地运用自己的优势,并通过正确的表达成为社会的一部分,却是一种非常难得的天赋,这种天赋并不是人人都有的,但它却是你在漫长岁月里和人生周旋的最好的武器。

3. 无条件的获得，是失去的开始

在看脸的时代，外貌似乎成了不劳而获的最重要的通路。可是，依靠美貌获得想要的东西真的如想象中那么简单而美好吗？

人和人之间的攀比，从来都不仅限于外貌。在我身边有很多工作努力，奋发向上的女孩子。论商场厮杀，她们一点也不比男人差。从她们身上，我除了看到外貌上的较劲，更能看到性格、能力、社交等各方各面的激烈角逐。

一次在办公室，有人起哄说，那么拼做什么？美女只需要负责漂亮就可以了！

但其中一个漂亮的姑娘一边忙着手头的工作，一边平静地答道，谁说长得好看就真的能不劳而获？容易得到的东西也同样容易失去。

一句话堵得那人哑口无言。

后来我们就再也没有人提过这样的话题，"美女只需要负责美就可以了"——这句话对女性而言本身就是一个最大的骗局。当大家都只执着于美貌时，可能并没有考虑到这样一个问题：现在美貌可以通过整容获得，通过化妆、美颜相机、PS等展现。但是，它却也是最容易失去的东西，紫外线、岁月、细菌等都能轻而易举地伤害它。美貌本身尚且这样易得易失，遑论用它来无条件获取什么了。

你大可仔细想想，为什么我们会偏执地坚信人可以无条件地获得什么？然后你可能就会发现，多数情况下：一个人会有这种妄想，很多情况下是出于两种原因：要么生活不如意，要么能力不足。因为从未得到，所以不需要考虑失去。而越是优秀，越是赚得衣钵满盆的人，往往就越是明白：毫无依仗的获得并不牢靠，外貌也从来不是不劳而获的通行证，实力才能给人稳稳的幸福。

可惜社会上多的是把美貌当作武器的年轻人，他们好像不需要付出，只凭一张俏脸就可以得到许多资源。可是这些人最终都活成怎么样了？知乎上"长得好看但没啥文化的女孩子最终都怎样了"里的回答或许有一定代表性。

CHAPTER 01

当容颜衰老,昭华流逝,容貌这把生了锈的武器还能为我们留下什么?泛黄的老照片?还是泡沫般的回忆?

美貌、漂亮、出身……我们在心里悄悄期许每一种能够让我们无条件获得我们想要的一切的可能性,这样的"好命"就像一座围城,外面的人渴望挤进去,让自己活得更轻松,让自己少奋斗十年,但其实身处其中的不少人却想逃出来,害怕迷失自己,更不想让自己在美梦里越陷越深。

曾经胡歌在事业的巅峰期选择了暂时隐退入学进修。他在自己的微博长文里说:"如果我能有机会踏踏实实地学习、沉淀,我愿放弃眼前的一切。"如果仅靠外貌就能轻易取胜,那么颜值在线的胡歌为什么非得靠才华?

长久以来,我们总会习惯性地以最简单的思维去定义外貌,总觉得长得好看就能为自己带来好处,所以有许多人不断地整容整形,以求用外貌去获利,去将人性中对不劳而获的渴望发挥至极致。

小孩子才指望着无条件获得,成年人都是等价交换。你以为外貌很值钱吗?它其实是最容易贬值的东西。

你以为的得到是失去的开始。其实最怕的从来都不是你没有好看的外表,而是你错把易逝的容颜当作坚固的依凭。到那时,你所失去的远远不只是最初暂时得到的利益,还有在不劳而获中消磨的时间。一心追求天上掉馅饼、一劳永逸、高枕无忧的人到最后往往得到的只是黄粱一梦、抱憾终身。

是的,我们不可否认,好看的外貌是优势。但仅凭它,真的给不了你稳稳的幸福。

你看那些站在口碑尖端的女明星们,给她们底气的并不是美貌,而是她们的敬业、努力与不断学习。对于她们而言,外貌只是一层外衣,专业实力才是她们的底气。娱乐圈中有很多老戏骨,早已过了吃青春饭的年纪,却还是能在影视圈站稳脚跟,当然不是凭借颜值,而是靠对人性的观察和深入理解,以及用演技把这些理解加以恰当地展现。

在残忍的时光面前,外貌最是脆弱,也最是容易失去。连依凭的根基本身都不怎么稳固,还谈什么永远地留住那些无条件获得的东西呢?

亲爱的你,比起依靠美貌无条件取得暂时的成就,我更希望你没有美貌也可以稳稳地获得成功。

4. 有"外挂"的人生最难被认可，对才能的使用，也是一种才能

经常有作者在接到退稿函之后不甘心地问我："在你看来，我真的没有写作的天赋吗？""这个稿子真的没有出版可能吗？"

我很想说一句有些残酷的实话：如果你被各类出版机构反复退稿，那很大可能就是，这个稿子的确写得不够好；至于你有没有天赋，那不好判断，也无须判断。因为，虽然天赋的才能不需要学习就可以获得，但向世人证明自己有天赋，这种才能是需要学习才能取得的。

世界上的好东西分为两种，一种是你不用，它也会放在那里，不增不减，以被你拥有的方式存在；还有一种，就是这种东西的价值就在于使用，而且越用越多。

才能，就属于后一种。

所以，就算你有天赋，对天赋的使用率和开发率，也会随着你对天赋的使用越来越高。

别忘了，美貌也是一种天赋。

世人有一种普遍的偏见，觉得颜值高的人占了莫大的便宜，因为他们凭借先天优势，凭借一张好看的脸，在人群中熠熠发光，可以自然而然地获得更多机会，就连面试也更容易被选中。

其实，任何事情都有两面性，有时候正是因为大家普遍存在的这种认知，好看的人也吃了更多的亏。

2014年，影后张曼玉以"乐坛新手"的身份再次降临娱乐圈。但听众并不买账，他们批评张曼玉唱歌跑调，连基本的准确也做不到。

对于这种打击和不认可，张曼玉表现得很淡定，她说："今天我还会走音，可是我会努力的。我演了二十多部戏，还给人家说是花瓶，所以给我二十个机会吧，我应该可以的！"

演了二十多部戏，拿奖拿到手软，仍旧会被看作花瓶，这是颜值的诅咒。

CHAPTER 01

固然有时候高颜值能让人得到许多机会，让一个人有了发挥才能的机会，但我们也要看到，才能不是安安静静放在那里待价而沽的货物，颜值也不是让这种货物得以出售的最佳方式。

机会就好像跑到你面前的烈马，说不好是福是祸，只有那些善于应对的人，才能给这匹烈马套上鞍鞯和辔头。

在20世纪80年代，阿根廷有位叫伊莎贝尔的舞蹈演员。她那惊人的美貌和美妙的舞姿打动了当时的总统庇隆，两个人很快结了婚。庇隆去世后，伊莎贝尔继任成为阿根廷的首位女总统——她就是被人津津乐道的、有"阿根廷玫瑰"之称的庇隆夫人。

但伊莎贝尔不懂得治理国家，在她的治理下，阿根廷很快就陷入了混乱。她的政府被推翻，她自己也沦为阶下囚。

让才能得以实现的，是对才能的使用；让机会得以实现的，也是对机会的驾驭。获得机会之后，你为了把握机会付出的艰辛努力，别人是很难看到的，他们看到的只是机会本身。

学会驾驭自己获得的机会,是一个循序渐进的过程。

相形之下,反而是那些相貌平平、天赋一般、更不容易获得机会的人,在自己的时区里慢慢成长,有更长的时间来不断发掘自己的各种能力。

我认识一位现在很有名气的作者,他曾经投稿十年,却无人问津。在这十年间,他不断地写出新的作品,体会着人情的冷暖,也慢慢学会了化解创作过程中的孤单、无力和痛苦,体会创作本身带来的单纯快乐。

后来,他的作品终于发表了,还获了大奖。对于这突如其来的名誉,他却表现得很淡定。面对随之而来的更多机会,他也有足够成熟的心智,能游刃有余地把握自己。

世人总喜欢把所有事情都归因为一个单一的原因,把所有成就或者归因为一个转折,或者归因为一个机会。所以人们才会觉得,颜值高的人获得了机会,自然而然就会成功。

其实,这种看法就和觉得某个人凭借某种天赋就能一举成名一样,这在绝大多数情况下,是和现实不相符的。

颜值只能让一个人更容易获得机会，却没法让一个人更轻松地把握机会。

很多人会觉得自己在等机会，其实机会一直在你身边等你。等到你能驾驭它的时候，机会就会现身，被你看见。提早显现的机会可能往往并不是真正的机会，而是一次次搞砸了的懊恼。

所以，得到机会也没有什么值得羡慕的，也许只是老天对好看的人更加没有耐心，才把他们匆匆领进了人生的赛场。对于他们来说，这是一场低胜率的博弈，他们只是得到了更多尝试的机会，但那只是比赛的入场券，没有人能保证他们一定会赢。

普通人的努力不能让成功来得更快，却可以让它来得更稳。等到你被机会发现的那个时刻，你已经洞悉了关于它的全部奥妙，可以将它运用得淋漓尽致。

要相信，命运永远对每一个人不偏不倚。

5. 被关注是一把双刃剑

很多时候,比起做个默默无闻的小透明,我们许多人都更渴望有一天能站在世界的中心,被万众看到,被别人关注。但事实上,被关注是一把双刃剑。它满足了你"想要被人被看到"的欲望,给予你所需要的认同感,但也让会打乱原本的生活节奏,甚至让你陷入紧张和焦虑中:被关注后,你若出错就是在众人面前出丑,更害怕某一天不再被关注。

我有位外貌平平的朋友,在某次精心打扮后不仅惊艳了我们,还吸引得路人频频回头,从此她十分注重自己的穿搭、妆容,成了很多人口中好看的女孩儿,也成了被很多人关注的对象。

这件事很快成了我们热议的话题,除了发自真心的夸奖外,大家更喜欢调侃她:被关注的感觉是不是很爽?

CHAPTER 01

朋友长舒了一口气答道,其实也不是很爽,我很焦虑。

听到这样的答复,大家又七嘴八舌地议论开来:一瞬间多了那么多回头率,你还焦虑什么;多少人渴望被关注,你可别不知足;嘴上说着焦虑,心里肯定暗自欢喜。

就是因为被关注,所以才更焦虑。

另一位朋友掷地有声地抛出了这句话。

朋友原本黯淡的眼神瞬间亮了,她像抓住了救命稻草般,疯狂地点头表示赞同。"起初发觉被关注自然会有些小欣喜,可是越到后来我就越紧张,总觉得稍有不慎就会搞砸一切。"

于是,大家这才开始注意到朋友"被关注"背后的焦虑:万众瞩目之下果然很紧张;那么多人看着你,你肯定更害怕出丑;就好像在放大镜下生活,一举一动都要小心翼翼……

是的,许多活在别人眼光之下的人嘴上说着"平凡可贵",但更多人却依旧渴望在人生中有那么一两个小时刻,成为万众瞩目的焦点。如果不是真的毫无个性,又有多少人甘心默默无闻?然而把"被关注"看得太重,会成为一种心理上的负担。

那么,是什么导致了人人羡慕的高光时刻成为焦虑的根源呢?是自我认同感的缺失。

有些人,会用"被关注"来弥补自己内心缺失的自我认同感。他们的内心深处还住着一个渴望别人承认的孩子,离开了大人的评价,就会无所适从。

如果你需要依靠这种认同感才能肯定自己,那么你就输了。因为对于这样的你而言,"被关注"并不是一件令人心情愉悦的事情,它只会成为不断刺向你的利刃,直到把你伤得遍体鳞伤后,再将你丢入暗无天日的自卑深渊。

到最后,深受"被关注"之害的人往往正是那些极度渴望被关注的人。可是仔细想想,难道足够好看就能让她们不再受"被关注感"支配,从而摆脱这种焦虑感吗?不,依靠好看收割关注度,填补自我认同感的缺失,只会让人更加焦虑。

这也是为什么整容容易上瘾。当人通过整容变美，并收获他人的关注、赞美与羡慕后，收获的并不是满足，而只是暂时缓解了焦虑。由于内心缺乏真正的自我认同感，照镜子对于这些人而言，再也不是自我欣赏，而是自我挑剔。所有的美好都可以被忽略，而所有的小缺陷都会被无限放大。

到最后，别人多看你一眼，都会成为你沉重的心理包袱：我是不是出丑了？他会不会看到我的缺陷？他是不是发现我有哪里不好？他会不会嘲笑我？

层层叠叠的自我怀疑铺天盖地而来。越被关注，越痛苦，于是越克制不住自己去矫正。这样的人永远不会知道什么叫作过犹不及，因为他永远不知道何为"过"。所以整容行业发达的韩国出现了许多整容成瘾的女性——她们一年内整容次数最高竟然可达100次。是什么让她们鼓起勇气一年内承受这100次身体和心理的双重折磨？是对缺陷的难以容忍，对在大家面前暴露不足的恐惧，是对当众出丑的焦虑，更是自我认同感的缺失。

那么，如何才能走出"想被关注、又怕被关注"的纠结?答案已经不言自明了,就是增强自我认同感。那些自我认同感越强的人其实不会在意别人关注的目光。就像特普朗的女儿伊万卡时常因在重要会场上打扮出彩、抢夺C位而被外媒诟病,但这并不妨碍她继续抢夺C位。对于她而言,C位、美貌并不是她收割关注度的唯一方式。若要说被关注,她的超模身份早给她带来了巨大的声誉。

其实是否"被关注"并不是最重要的,最重要的是,你如何看待它。对于这把双刃剑,只有能正确认识它,才能很好地享受它所带来的快乐。

你的所有美好,只有你自己也知道了,才能绽放更耀眼的光彩。

尝试着去认同自己吧,你要明白,不被关注的时候不证明你不好,被关注的时候偶尔有瑕疵也无伤大雅。到那时,被关注与否都已经不再重要,它不会再是你快乐的根源,也不再会让你纠结焦虑。

6. 把成功归因为颜值，是一种懒惰

"罗辑思维"的主讲人罗振宇给"舒适区"的解释十分精当。他说，所谓舒适区，不是那些你待着就觉得很舒服的地方，而是那些你最习惯的用来解决问题的方式。

比如，我们上了一辆公交车，会发现很多人都喜欢堵在门口。因为大家都懒得动，而且离门口近方便下车，所以都不愿意往里面移两步。在门口挤着并不舒服，但大家对堵在车门口这件事的处理方式多半是喜欢待着不动，所以这个并不让人舒服的解决方法，就是他们的舒适区。

人在给问题寻找答案的时候也是有舒适区的。在做归因分析的时候，每个人都喜欢用自己很熟悉的道理来解释暂时真相不明的情况。而能用一个听起来陌生又言之成理的道理，解释每个人都很熟悉的情况，这就不是普通人能办到的了。

比如，手机没信号了，普通人会觉得是这会儿信号弱，或者信号塔发射的信号被什么挡住了；但《彗星来的那一夜》的编剧詹姆斯·布柯特就会给出一个有想象力的解释：这是因为彗星的影响，改变了地球的磁场。

当我们把一个人的成功归因于"美"，其实也是在用所有人最熟悉的方式给别人的成功一个方便的解释。

"澳门赌王"何鸿燊的小儿子何猷君，本科和硕士均就读于美国名校麻省理工学院，曾经多次在各类数学竞赛中获奖，同时也拥有明星般的颜值。到清华、北大去看看，你会发现，那些考上名校的孩子中，帅哥美女的比例也并不少。

事实上，高颜值和聪明努力并不矛盾。

小区里一户邻居的孩子让我印象深刻。小姑娘的爸爸是大型工业集团的老总，精明能干，她则继承了妈妈的良好基因，灵慧秀美。每天下午，都能看到她背着书包自己回家。

有一天，我看见她在小区路边趴着写作业。问她怎么了？她说忘了带家门钥匙，等妈妈回来的空档，索性早点把作业写了——这样勤奋乖巧的孩子大人怎能不喜欢？

现在，这个姑娘赴美留学后，已经留在当地工作了。

俗话说，认真的人最有魅力。很多时候，你看见的不是天生的颜值，而是专注工作时散发出的吸引力。很多人颜值高，是因为他们能够比其他人更加自律地学习，更加辛勤地工作。他们的好看，其实只是他们能力的一种外在体现而已。

有个很熟的小朋友，他天生就有比较高的颜值，总是喜欢揽镜自照，发出诸如"我好帅"之类的感慨。我们在嘲笑他幼稚之余，也提醒他不要只注重颜值，但他总是不以为意。

有一天，这个小朋友去参加一个商务会议，回来后对我们说，他觉得自己对某个女生有种心动的感觉，因为"她讲话的时候好像在发光"。我们又嘲笑他没有见过世面，告诉他讲话清晰又有激情的人其实也很常见。不过，我们还是为他感到欣慰——他在看待别人时总算看到除了外貌之外美好的一面。

让我们觉得好看的，不见得完全是颜值本身，也有可能是看到了一个人与众不同的光芒，正如那句老话——腹有诗书气自华。

一个人的成功，会直接体现为风度、仪态和气质。我指的成功不是那种因为一时得志的耀武扬威。马克思曾经说，价值是指凝结在商品上的无差别人类劳动。用类似的说法来表示，所谓的好看，也可以是凝结在面容上的无差别人类智慧。智慧本身就是性感。

现在，价值越来越多元，很多人不再用单纯的"天赋美貌"来衡量一个人了。如果我们把语词往前延伸一步，不要仅仅用空洞的"高颜值"这个词来形容好看的人，就会明白人们的这种心态。以前，人们推崇的男子气概，还有现代人口中漂亮能干的小姐姐，其实都包含了对一个人综合素质的要求。

对好看女性的称呼从"萌妹"变成了"小姐姐"，也是一种时代的进步。说明人们对女性美的欣赏，不仅仅停留在白幼瘦，转而欣赏由岁月带来的能力与智慧。

把一个人的所有成功轻飘飘地归因于天赋的美貌是很

容易的。实际上,一个人获得欣赏的原因,从来也不应该只是单纯的美。

能看懂别人的能力,本身就是一种了不起的能力。

所以,美在很多情况下并不等于成功,两者之间也没有因果关系。而不管一个人好看与否,看出并学习他们的超出常人之处,你也会慢慢成为一个优秀的人。

7. 越被命运眷顾，越是满身包袱

我所从事的这个行业，需要和众多作者打交道。我发现，很多作者会因为自己没有天分而感到自卑。

如果看看人类文明史，就会明白，有天分的人往往更自卑。

比如，卡夫卡在生前曾经留下遗嘱，希望执行人把他的全部作品都烧掉。如果这位遗嘱执行人真的这样做了，那么文学史上就会少一位世界级的大师。但有谁知道，卡夫卡对自己的作品抱着一种近乎虚无主义的态度——他觉得自己的创作毫无意义，尤其是那些早期的作品。

有可能，有天赋的人的自卑才更无法挣脱，更让人绝望。

人们总是对不开心的事印象深刻，轻轻松松考十次第一，也抵不过考一次不及格给人带来的打击大。

CHAPTER 01

假设有个学生,他完全不需要任何考试技巧,也用不着复习,轻轻松松就能把很多科目考出高分;但唯独英语,无论怎么学习,他都没法学好。这样的人,他从学习中得到的更多的是挫败感,而不是成就感。长时间生活在挫败感中,当然就容易自卑。

偏偏,很多在某方面有天赋的人,在另外一些方面很可能是白痴。比如高更,他不在乎除了绘画之外的其他任何事情,也不怎么学得会其他事。

美貌和才华一样,都是有一种天赋。天生丽质,都是因为命运的眷顾。因此,也几乎没法掌控。真正能让人得到自我肯定的,是那些我们可以掌控的事。

所谓掌控感,就是知道自己可以通过努力,让一件事情在未来产生可预测的结果。

很多时候,有的人放弃努力、害怕努力,也就是为了获取一点对未来的"掌控感"。因为对于很多处于迷茫期的人来说,即使努力了,事情仍旧可能失败;但如果放弃了,事情则一定会失败。

一件事哪怕是悲剧,也要让人觉得它没有超出自己的判断——这样的一种思维方式会给所有人一种安心感。

比如，一个姑娘好端端地走在街上，却遭到了不法之徒的侵害，这种情况下，有很多人会质疑：是不是因为这个姑娘穿得太少了呢？

这是因为如果一种不幸的境遇是当事人自己导致的，就会给人一种"世间自有公平在"的感觉。我们都知道这些观点有失偏颇，但这确实是人们的一种普遍心理。

甚至，包括遭遇不幸的人自己也喜欢做这样的总结。

但是，谁在内心深处不希望自己的意志能实现呢？谁都希望自己能成为人生的主导者吧。很多天赋值比较高的人容易自卑，就是因为他们的才能是老天给的，没有一种可以从心所欲、自由控制的感觉。

很多人想要变得美貌，就是想在不可控的命运里给自己增加一点胜算。然而，真正能为一个人增添实力的，还是努力和才华啊。

所以，即使你真的拥有了美貌，也未必能开心和掌控命运。

世上只有两类悲剧,有些人总是不能遂愿,而有些人总是心想事成。

——王尔德《温夫人的扇子》

CHAPTER 02

不要让所有天赋和努力被
一句"天选"轻轻掩埋

1. 任何一种风情，都不是为了满足他人的凝视

生活中常听到这样的话：

"穿得这么美给谁看""打扮得这么好看是要去约会吗"

"今天这么化妆是想吸引谁的注意呢"……

这样的八卦，言语间是调侃，本质上却一种悲哀：为什么打扮这件事，不能仅仅只是为了取悦自己呢？

贝克汉姆的妻子维多利亚在教人穿衣打扮的视频中，最着重强调的一点就是"精心打扮不为任何人，愉悦自己最重要"。听上去似乎只是一句冠冕堂皇的套话，但只有真正去践行的人才能明白其中的深意。以满足他人眼光为目的的打扮，往往美则美矣，却少了灵魂。

许多人对"打扮"的意义长期存在着误解，这从对"古人云，女为悦己者容"的引用就可窥得一二，有人说女为悦己者容是指为自己喜欢的人打扮，也有人说女为

CHAPTER 02

悦己者容是指为喜欢自己的人而打扮,很长一段时间内,我们发现身边很少有人说是为了自己而打扮,因为这样的话说出来总归多了几分自恋的味道,而"自恋"这个词语,在许多人看来是贬义的。

事实上,科胡特在《精神分析治愈之道》[1]早已为"自恋"正名——人类的本质正是自恋的。从心理学上来讲,适度自恋才是正常且健康的。无法自恋从来都不是一件好事,它会衍生出种种"不配得"的自卑心理,包括为别人而打扮。

这也是为什么我们有时会见到,表面越光鲜亮丽的女孩子背地里可能越邋遢。道理很简单,因为表面是给别人看的,背地里的生活是自己的。她们的每种风情都只是为了别人的凝视。

而她们自己呢?她们有可能意识不到,或者不愿意承认,她们的内心时常会有一种非常可悲的心态:只为自己费心思,不值得。

如果你想继续追问,为什么?

很大可能也只能得到一句无力的"不知道"。

长久以来，我们得到的教育是要爱别人，殊不知爱自己也是一种很重要的能力。"精心打扮是为了给别人看"的心态常常会将人引向两种极端：或是表里不一，或是爱美爱到偏执。表里不一的那些人会在某次精心装扮后又迅速萎靡下去，变得不修边幅，彻底放飞自我，反正好不好看都是给别人看的；而爱美爱得偏执的人会时时陷入深深的焦虑，为自己的外貌焦虑，为他人的眼光和评价焦虑。这种焦虑感像万丈深渊，任人怎样挣扎也无法挣脱。

其实他们最欠缺的或许往往就是那一句当头棒喝："为什么你不能为了自己去变得美好？一定要为了别人呢？"

只为别人而美的人特别容易自卑。即使是天生丽质的美人，怯生生的、自卑胆怯的样子也只会让她黯淡无光。一个人如果从内心就开始否定自己，那么纵使外界万丈光芒，也无法照进她荒芜的内心，更无法让她自内而外绽放光彩。

我们常说"学习是为了自己，而不是为了别人"，装扮、变美也一样。为了自己去变得更好，更美，这才是上进的意义。也只有完成这样的思维转变,从他人驱动,转变为自我驱动,才有可能让你的美好更上一层。否则纵使长得再好看,你也仍然会患得患失。

所以,当你在努力让自己变美的时候,不要忘记爱你自己,更不要忘了自信。不要只去在意贝嫂的如花美貌,而要去看她美貌背后光芒万丈的"为自己而绽放"。

你要知道,你的任何一种风情,都不是为了满足他人的凝视,你的所有美丽和绽放都可以只是为了自己。

所谓来自灵魂的美感就是发自内心的自信和自爱。

自信的人是会发光的。当你爱自己,够自信时,自然配得上精致的妆容,华美的服饰,而那一刻的你,散发出来的是真正的美丽。

2. 幻丑症,一场没有终点的噩梦

因为业务关系,我加了很多群。一天,在一个群里突然看到有个朋友说,要去打美白针。

消息一发出来,群里立刻就炸了。

多年来,这位朋友一直是群里最受瞩目的人。有另一个业务伙伴,一到线下聚会的时候,就会羡慕地悄悄说,你看她,多好看!

的确,我的这位朋友是个大长腿,小麦肤色,这些年生活很安稳,看人时眼神笃定,衣品也越来越好,不管走到哪里,身后都有羡慕的眼光追随。

这么一个人,有什么必要去打美白针呢?她本来的状态就很好啊。

"你这就是幻丑症!"

群里蹦出来这么一句。

CHAPTER 02

已经相当好看的人，还要去削尖下巴，微调五官，把好好的一副身体百般折磨，非把它塞进美的模子不可，这种心态，现在有种流行的说法，叫"幻丑症"。

现实中真正有幻丑症的人还是极少数的。不过，有不少人走在街上路过一面镜子，都会偷瞄一眼镜中的自己，发现自己弓腰，腿短，头扁……心态顿时变得悲凉起来。

幻丑症往往还伴随着一种并发症，那就是'不配得感"。有时候你试穿了一件颜色鲜艳的衣服，它完美地衬托出了你的身材，让你看起来更加容光焕发。但你在好友和店员的齐声赞许中，还是略带遗憾地把它放下了。别人问你，为什么不买？你摇摇头，说这种颜色看起来太耀眼，不是你的风格。正是这种"不配得感"，封印了你原有的生命力。

有幻丑症的人真的丑吗？很多时候并不是。

执着于发现自己相貌上的缺点，本质上是一种优越性的体现。

学校里，会和第一名比成绩的，往往是前十名；天天在知乎上哭穷的，往往是收入不菲的中产；空窗期喊着空虚寂寞冷的，异性缘往往差不到哪儿去。

很多人把美当作金科玉律，非要和自己心里的准绳比个高低。殊不知，他们只是用自己的日常状态，去和网红在社交媒体上精心雕琢的一分钟比较，自然是输得一败涂地。造美工业时代，我们手握种种变美的利器，到最后戳伤的却是自己——假睫毛本身的存在就是一种污蔑，它告诉你，任何睫毛都不够卷翘完美。

你以为自己在变得更好，实际上却卑微了，烦恼了，脆弱了。甚至有人倡导"下楼买菜也要状态完美，因为你不知道今天会遇见谁"，就好像素颜的人就不配出门。我们脸上的妆越来越厚，内心的底气却日益稀薄。

变美，本应该是爱自己的一种方式。

去健身房，不是为了瘦身，而是要体会血液奔涌带给整个躯体的热力和舒畅。

让自己保持干净整洁，画个淡妆，是为了让自己精神饱满，热情地迎接新的一天。

甚至，打耳洞、戴耳钉，也只是用一种有点粗暴的方式，狠狠地爱着这个世界。

CHAPTER 02

美,从来不是外在的标准,而是内在的生命张力。

在看厌了千篇一律的锥子脸之后,周冬雨这样有个性的美女又开始流行。她的穿搭,很多时候是舒适中带着点随意,也符合她古灵精怪的性格。

美,是流动的,它不是一种状态,而是一瞬间的征服。

有一个段子说,如果女人不够美,你就夸她"有气质"。但真正的气质,从来也不是皮相背后露出来的可有可无的点缀,而是美的主宰。

美是没法复制的,你的美只属于你自己。

不美的那些时刻,你也不用烦恼。

小S戴牙套的那段时间,妈妈很为她担心:毕竟还要出镜,会不会影响收视率?可后来,恰恰因为这段经历,很多观众把她视为同类,反而增加了邻家女孩一般的亲近感。

这个世界对不同类型的人,比我们想象的更加宽容。你的所谓缺陷,可能正是别人眼中的亮点。

如果你原本找的就是自己的缺点,那你永远也不会在自己身上发现优点。

当你找到你自己,全世界都会来爱你。

3. 颜值真的是正义吗

现在经常听到一句话,说某人"长得那么好看,做什么都对"。

你会发现,很多人会用这句话来评价自己喜欢的偶像明星,也有人会用这句话说漫画小说中的角色,还有人用这句话来形容自己在朋友圈里刷到的朋友,但很少有人诚恳地、在字面意义上对自己的闺密或者男朋友说:"你长得那么好看,做什么都对。"

这让我想到一个老笑话。

一个记者问农民:"你愿意为自己的理想奉献一千亩地吗?"

农民说:"我愿意。"

这个记者继续问:"你愿意为自己的理想奉献一千万元吗?"

农民说:"我可以。"

这个记者最后又问:"那你愿意为自己的理想奉献一头牛吗?"

农民非常坚决地回答:"不行!"

因为,他真的有一头牛。

和这个笑话类似,大多数人真心诚意地觉得"你长得那么好看,做什么都对",是因为切身的生活中并不存在这么一个人。

"你长得那么好看,做什么都对",在某些情况下是对的,但只适用于那些远离自己现实生活的人或弹幕吐槽,一到实际生活中,就完全不一样了。

人之所以会产生这种错觉,是因为一种叫作"代入"的心理在暗示着我们。

这句话在人潜意识中的真实表述,应该是"如果我和你一样好看,就可以为所欲为"。就好像父母对孩子的溺爱,有时是在溺爱想象中的自己。

有代入感不是不好,更用不着为之羞愧。人们喜欢读小说,很多时候就是因为小说可以让我们可以将自己代入小说中放肆地想象，同时又把这种想象圈定在一个合理的、不会伤害到任何人的范围内。

适当的幻想，是放松心灵的方式。

代入感有时候也能起到积极的作用。你在下班路上看见一个漂亮的小姐姐，她身材健美，于是你也觉得应该去健身了，这就是代入感于人有帮助的地方。

但长得好看，不可能成为一个人为所欲为的通行证。

一个女孩子，每次要完成某项任务时都不自己去做，而是找很多男生来帮她，这种情况如果长久持续，即使对方脾气再好也难免心生厌恶——事实上，没有人会真的觉得"你长得好看，做什么都对"。

真正能够被人破格喜欢的，是一个人做了一些稍稍出格却绝不至于惹人厌烦的事。这种人被人喜欢的地方，是他脱离了日常生活的枯燥和乏味，恰当地发挥了自己的想象力。对于这种有趣、有意思的人，人们才会说："你长得那么好看，做什么都对"。

所以，我们看到的那些能够得到公众包容的、"做什么都对"的，是这样一类人：有拖延症、爱好打牌的胡适；堂而皇之把"秽物"放进画里的黄永玉；有些小性子却无伤大雅的张爱玲……

而他们获得包容的原因就在于这些小毛病——既不影响他们留给世人的作品，也不会给身边的人带来困扰。

不管相貌好看还是不好看，在别人面前主动暴露自己的弱点，或者主动给予对方更大的信任，客观上能起到拉近两个人距离的作用。

一个姑娘要搭一位漂亮太太的便车，这位太太烫着卷发、涂着口红、谈吐斯文、衣着整洁。一路上她们的交谈甚是愉快。

等到下车的时候，那位太太突然对姑娘说："麻烦帮我一个小忙。"说着，她指了指椅子后面。姑娘顺着她的视线看过去，发现那里放着一架折叠轮椅。

惊愕之余，姑娘帮她把轮椅拿下车。那位太太笑着告诉姑娘，她从小就行动不便，幸运的是，在丈夫和孩子的帮助下，她学会了开车，借助轻型轮椅，一个人也可以去很远的地方。

搭便车是件有点危险的事。她把这样的一个隐私主动告诉姑娘,是信任的表现。后来她们成了朋友。

我想,正是那位太太对生活的积极信念,让她在生活的打击下仍然保持着开朗的心态和娇艳的容貌。

所以,并不是真有"长得好看,就做什么都对"这回事,而是长得好看、心态积极的人常常发出积极主动的社交信号。这种信号既特别又强烈,还超出了日常生活的俗套,以至于让人感到赏心悦目。

事实上,这样的处世方式,是我们每个人都值得学习,也能够学会的。

世上本没有绝对正确的人和事,只有用正确的方式做人和做事。所以倒不如把这句"你长得好看,做什么都对"反过来:"你做什么都对的样子,看起来真美"。

4. 极致的美,是让男生女生都喜欢

作为一位"大女主",《步步惊心》的马尔泰·若曦是为数不多好评如潮的角色。有的人喜欢她坚强倔强,有的人称赞她善良勇敢,而我更欣赏的是她身上的那种跨越性别的吸引力,既能与性情洒脱的十三爷谈古论今;又能和古灵精怪的明玉笑泯恩仇;还能和知书达理的绿芜互为知己。可以说,马尔泰·若曦此生虽是悲剧,但作者对她满满的都是爱——她赐予了若曦男女都喜欢的最极致的美。

这种美无关外表,是一种纯粹的、发自人格的魅力。而这种魅力更多源于无为而治的处世之道:真诚地、毫无功利心地与人相处。我们常说真诚是一种重要的品质,可惜却又常常在功利心中迷失了方向。

如果仔细去追溯,你或许会发现,这种偏颇的心态,还带着青春期的烙印随着性别意识觉醒,相处就不那么纯粹了:

有人为了避嫌,只与同性来往;有人为了彰显魅力,故意只与异性结交……总之,有些人在缔结友谊之初,就在自己的关系中掺杂了男女性别的因素,带有太多的刻意色彩了。

一个人的社交一旦在性别的天平上发生倾斜,在社交中不经意间带上了性别的底色,他就失去了与人交往的赤子之心。一旦失去了那种清澈的赤诚,就难以在两种性别中把握微妙的平衡。异性缘好,而同性缘差的人常常被人诟病为不检点;而同性缘好,异性缘差的人又常常被形容为木讷。

这时候,如果有人指望外貌能为自己扳回一城,就失算了。喜欢一个人和她外貌美不美从来不存在必然联系,就像《红楼梦》中的王熙凤,她自然是美的,否则黛玉在初见她时也不会有"恍若神妃仙子"的感受,也不会有贾天祥正照风月鉴这一出。可是多数人厌她,恨她,她最终只落得一句"机关算尽太聪明"。

同样的,喜欢一个人与他的性别也并没有必然联系。那种以性别为界限、泾渭分明的人缘本来就是一种刻板,也是一种歧视。春秋有俞伯牙与钟子期之间惺惺相惜的

CHAPTER 02

友谊，谁还能说同性一定相斥？三国才女蔡文姬与枭雄曹操的知己缘分，谁又能说异性间没有纯粹的友谊？

我身边也有这样一个同事。她或许称不上美，但却有一种让男女都喜欢的奇妙能力。其实这种喜欢与我们的性别无关，与我们的年龄无关，只与我们本人有关。在与她相处的过程中，我们总能感受到她发自内心的真诚，她是我们心中的小太阳，就像一缕温暖的阳光，让我们相信，真诚的人是会发光的，像太阳一样能量满满，充满超越容貌、性别的魅力。

其实一直以来，令友谊蒙羞的是人们对性别的有色眼镜。越心虚就越难正视再正常不过的关系，也就越难处理好这些正常的社交关系。诚然，有人喜欢娇艳怒放的玫瑰，而有人喜欢寡淡如水的米兰，我们每个人都不必得到所有人的喜欢。可是美的高低也从来不是以异性的感受为准绳的。

想要收获这种超越容貌的魅力，让男生女生都喜欢，首先要学会从心底里平等看待每个人。就像孩提时期一般，摒弃功利心、真诚地去与人交往。你的光芒万丈与真诚的心息息相关！

5. 给生命留点缺口，才能看清这个世界

2013年，在浙江卫视一档"青春是什么"的系列采访中，一位男生接受采访时说："长得好看的人才有青春，像我们这种人就只有大学了。"这句话在网上流传很广，很多人觉得很有共鸣。

青春真的就只是一张俊俏的脸吗？

缪尔·厄尔曼的《青春》一文曾一度风靡整个网络："青春不是年华，而是心境；青春不是桃面、丹唇、柔膝，而是深沉的意志，恢宏的想象，炙热的恋情；青春是生命的深泉在涌流……"

所以，青春除了是一段时光，是好的容颜，更是一种对待生活的态度。不管富贵贫穷，长得好看还是普通，每个人都有自己的值得纪念的青春。

除了青春，人生也不可能十全十美。而且，有些不

CHAPTER 02

完美的确与外貌有关。颜值不是特别出众的人，在某些看重外貌的行业，可能确实不是特别轻易就能取得成功。但正是由于生活的磨炼，他们才更能看清生活的真相，拥有同理心，对别人生活的不易感同身受，获得更高的情商。

黄渤是演艺圈里公认的情商高。黄渤的高情商，一方面是天分，另一方面，是因为他早年的生活也很艰辛。

娱乐圈里，颜值高只是基本。黄渤连颜值高这个基本条件都有点勉强，所以和太平洋唱片公司签约之后，只得到了给杨钰莹伴舞的机会。

但黄渤无所谓。他继续在各个剧组中寻找角色，至于能演什么，他不挑剔。后来，电影《斗牛》的导演看上了他，让他在片中饰演牛二。在拍摄过程中，他们需要从一座几百米高的石头山跑上跑下，场工上去一回都累得直喘，他却要一个镜头从山底跑到山顶，跑三四十趟。最后，黄渤磨坏了几十双鞋子，拍出了这部牛戏。

正是这样艰辛的生活，让黄渤尝到了世间的人情冷暖，他成名之后总结说："当你弱的时候身边全是坏人；

你强大以后,全世界都是好人。"可以想象到,在他不强大的时候,一定遭遇过一些恃强凌弱的人的冷遇和白眼。

在这样的生活境遇中,他更能理解别人的艰辛,也自然而然地会学会了避坑的法则,成了一个高情商的人。

中国人有个特别经典的问题,同时也是一个爱情中的死亡问题,就是当媳妇的问老公,我和你妈都掉在水里了,你救谁?

这个问题被小S改头换面,变成了"如果我和林志玲同时掉进水里了,你先救谁",拿来问黄渤。黄渤赶紧回答"先救你"。

小S不依不饶地追问"为什么?"

黄渤只好回答:"林志玲高,可以站出水面。"

小S逼问:"你是说我矮咯?"

黄渤避开问题的主要锋芒,回答说:"你身材比例好。"

对于两位都很重要的女星,他想出了一个两全其美的办法,既没有说谎,也没有讲出全部的实话,避开了厚此薄彼的尴尬境地。不得不说,他的情商确实很高。

但他的高情商,也不完全是语言上的润滑剂,而是对别人的温暖和关心。

我们每个人都知道,不要过度相信天赐的福气,但体会到这一点,却需要时间和经历。对于颜值不是那么高的人来说,原本就有更多的机会看清很多关于这个世界的真相。由于没有特别的幸运,所以常常特别比努力,因此更容易相信通过后天努力获得的东西,也更容易相信自己的努力。

泰戈尔说过:"对于未来世界的生命能够具有信心的人,完成了自己人生中的事业,而在这个人生中确立了这个世界不易产生的对世界的新关系。"

我们必须知道,可以偶尔依赖别人和外力,但能够一直依靠的只有自己。这一点,会让我们更有信心,也会让我们从各种不同的生活境遇中汲取新的力量,成为更强大的自己。

某种程度上,低颜值其实是生命的缝隙,有了这个缝隙,阳光就会照耀进你的心底。

6.25岁之后的容貌是自己给的

网上曾有个热门的段子——"大学是把整容刀"——引得许多人秀出了自己上大学前后的照片。从那些照片上看,上大学后,不少男孩女孩从原来的黑胖黄蜕变成了白瘦美(帅),前后对比堪称整容,让人惊讶。难道大学真的有什么神奇的魔力,怎么会带来这样的变化?果真如此的话,为什么有的人越来越美,而有的人却不进反退?

大学的整容秘籍其实很简单,那就是勤能补拙。知名品牌HR赫莲娜的创立人赫莲娜女士也曾经说过这样的金句:世界上没有丑女人,只有懒女人。很显然,如果一个人懒得拾掇,懒得保养,懒得装扮,那么她又怎么可能收获美貌,纵使天生的丽质,又能禁得起多久的毫不打理?

CHAPTER 02

微博上总有各种各样"女明星们为了美貌有多拼"的热搜，前有古力娜扎户外时时补喷防晒，后有张天爱馋得要命却只吃一口炸鸡，甚至还时常有人爆料女明星们一有空闲就敷着面膜保养……每每听到这些时，你或许也会惊叹：原来天生丽质的人也要这么拼。可是然后呢？天生丽质的人这么拼命，你又做了什么？是的，有时候真相就是这样不留情面：让我们显得不漂亮的往往是我们自己的懒惰和怨天尤人。

在谈及容貌时，我们可能总会听到这样的言论——"基因决定外貌"、"天生丽质"、"天然黑"……诚然，基因遗传在容貌上有着极大的影响力，但是纯粹地把所有责任推给基因就真的代表我们自己毫无责任吗？

不！只不过，把不漂亮的责任推给基因使然可以让人过得轻松一点。不需要坚守清规戒律，不需要时时保养，更不需要内外兼修。**怨天尤人是这个世界上最不费劲的事情**，仿佛只需要把责任推给基因就可以心安理得地放纵自己。怪天怪地，总之无论如何都怪不到自己头上，还能显得命运不公，而自己不过是个不被命运垂青的可怜人。

可是你想过吗？一个人付不付出，时光和容貌其实都知道。不漂亮究竟是怪老天还是怪基因，其实都不重要，因为为你承担往后人生的，不是基因也不是老天，而是你自己。为自己的身体负责，是对自己负责的基本。

当然，大多数人都是普通人，自然不必像女明星们那样拼。不过我们完全可以做好日常护理，调理好皮肤；可以学习穿衣打扮，不求华丽，但求干净整洁，适合自己；也可以内外兼修，提升阅历，充实自己，修炼气质；还可以早睡早起，调整好作息，养好气色。

我有个朋友就是这样，她每天雷打不动晚上10点睡觉，早上6点起床，日常工作之余不忘抽出时间学习新的知识和技能，日子过得充实而美好。虽然她所用的护肤品，所穿的衣服并不是什么贵价商品，但从她骨子里散发出来的气质和从容都为她的容貌加分不少。如果单看五官，她绝对称不上美人，可是当她活生生站在我们面前时，却总是美得令人移不开眼。

所以，不要再抱怨自己没有天生的丽质，也不用过分

CHAPTER 02

迷信基因论。要知道,从生物学的角度上讲,人在25岁以后身体机能,新陈代谢能力都会逐年下降。从经验的角度来看,25岁后人的经历和见识都会逐渐沉淀成为她的气质。换句话说,25岁其实是一个分水岭,25岁之前我们的容貌或许靠的是基因,25岁之后就要靠自己去对抗时光,对抗衰老了。那么到时候赢的会是哪些人?我想答案不言而喻。

不管你是站在25岁的档口上,又或是即将迎来25岁,还是已经过了25岁,你都要时刻做好准备——为你的容貌负起责任来。我们没有权利为自己的出生时的样子做出选择,但每一个人都有资格自己为自己决定人生的模样。

7. 颜值是一种通用社交币

"钱不是万能的,但没有钱是万万不能的。"

钱固然是一种通用货币,但也有一些情况是没法用钱去办事的。尤其是一些小事,小到不足以给钱,但又需要你跟别人攀个交情,比如向传达室打听个事儿,找个人,那要怎么办呢?

在一些小城市,一个传统的做法就是给人递烟。当然,吸烟是一种不好的习惯,不过有时候,烟的确是一种微社交的载体。这种小小的馈赠能让对方放松情绪,更容易进入交流的状态。

好的颜值,在某些场合跟那只递给保安的烟一样,也能让你更容易获得别人的帮助。这里说的不是什么潜规则。

社交媒体经济学中有一个词,叫"社交货币"。沃顿商学院的营销学教授乔纳·伯杰(Jonah Berger)在

CHAPTER 02

《疯传》这本书中这样说:"就像人们使用货币能买到商品或服务一样,使用社交货币能够获得家人、朋友和同事的更多好评和更积极的印象。"

好看的脸可以在第一时间获得别人的好评和积极印象,当然也就是很好用的社交货币了。

社交货币还有一重意思,就是谈资。这两重意思不矛盾。例如,我发布了一个可以供大家谈论的话题,也就为大家交流感情进行了基础建设工作,因此可以获得别人的好评。但这个意义上的社交货币,带来的不一定全是益处。

比如,某报社发布了一则关于某女明星的丑闻 这也是在发行社交货币,但却给这个女明星带来了很大的困扰。最后公众却发现,这则丑闻与事实不符,女明星是无辜的。这是对公众正义感的无端浪费,同时也误伤了女星的名誉。

再比如,单位来了个美女,她的一言一行、小小怪癖,都有可能会成为别人议论的对象。来自昆士兰大学的金姆·皮特斯(Kim Peters)等人的研究表明,人们会把传播八卦,当做维系感情的纽带,所以传播八卦是人们的本能,也让传播者之间的关系更加和谐。

然而，不公平的现象也由此出现了——明明这个美女本人才是社交价值的提供者，她却无法成为社交货币的享受者。

从个人生活角度来看，这种不公平有可能成为一种灾难。往小里说，好看的女孩子有可能成为学校里所有人的社交货币——也就是说，她是所有人的秘密，而她本人却不知道这个秘密；往大里说，像阮玲玉那样心灵脆弱的女性，就有可能因为承受不了流言的力量而去自杀。在这种情况下，颜值高的人就像新中国成立前的中国——虽然地大物博，但是是头肥羊，谁见了都想咬一口。

除非你假装没感觉，否则，你无法忽视身为女性的困境，尤其是相貌出众的女性——这一点不分古今。

一个女性从意识到自我，到活出自我，是一个漫长的过程，她会不停地会受到来自社会、舆论、家庭的各种阻碍。这条路很艰难，但依然值得我们努力。

愿你能活出自我，做自由行走的你自己，而不是成为别人茶余饭后的谈资。不过，如果你有自己的成果，那么即便成了谈资也没关系。毕竟，谁会介意自己的成功被别人津津乐道？

命运负责洗牌和发牌,而我们负责出牌。

——叔本华《人生的智慧》

CHAPTER 03
▷

给你安全感的不是"依靠"而是"成为"

1. 哪有什么低颜值，不过是缺爱罢了

奥黛丽·赫本，是几代人心中共同膜拜的女神，很多人都能一眼认出赫本的照片。但一个鲜为人知的秘密是：赫本其实一度固执地认为自己长得并不漂亮，甚至丑陋。

她认为自己的鼻子太大，脚也太大，肩膀太宽。她还觉得自己的造型太过普通，任何女人都能打扮得和她一样，甚至超过她。

赫本的自我怀疑看起来十分荒谬，是吗？

实际上，人的情绪暗流在心中流淌奔涌，总会找到一个最容易、听起来最合理的宣泄口。比如，一个人想抱怨自己目前的生活状态，说穷，会被人嘲笑没能力；说忙，会让人觉得不会时间管理；但如果说换一种说法，遗憾地感叹现在的工作多么无趣，不能满足自己做个有趣的灵魂的美好愿望，那么就很可能得到很多人的理解。

相貌和健康一样，只有在一种缺失感下，你才能意识到它的存在。当我们失恋了，面试被拒，被人无缘无故地讨厌，感到孤独、脆弱、没人爱怜的时候，才会猛然觉得自己不够好。

在你春风得意、升职加薪的时候，你会觉得自己不漂亮吗？在你感情顺利，有人关心的时候，你会觉得自己不漂亮吗？当你在街上买彩票中了一百万，你会觉得自己不漂亮吗？甚至，哪怕只是抢到微信群里最大的红包，都会觉得自己是命运的宠儿，怎么会把关注点放在自己的美丑上呢？

能唤醒"不漂亮"这种自我意识的，是一种匮乏感，不配得感，是一种遗憾和失落，是深深感到了生命的不圆满。丑这种残暴的自我评价，背后隐藏的是凄凉、恐惧和悲哀。

有人曾经问赫本，你生命中最重要的事是什么？原本大家以为她会提及自己深以为傲、并为之放弃了一段婚姻的演艺事业。然而，她却出人意料地说，她生命中最重要的事情就是爱。她还因为爱而感到恐惧——"因为一旦你深爱一样东西,你就会害怕失去它。"

吊诡的是,世间能够得到更多爱的,往往是那些不缺爱的人。爱靠分享来延续自身,在被爱中,你会学到关于爱的全部:它的意义、它的价值和它的模式。而得不到爱的人,远远地站在爱的国度之外,看着圈内人用自己无法理解的方式对待彼此。

有一个故事,说的是一个人在去世之后,在天堂外站着,等候天使为他开门。

奇怪的是,他在白色的围墙外看到了一扇门,这扇门来来往往,进进出出了许多灵魂,却唯独不对他打开。最后,他非常沮丧地问守门的天使:为什么唯独我无法通过这扇门?天使说,你不知道吗?唯有你能看到这扇门,对于其他人来说,这就是普通的过道。那个人恍然大悟,终于有一天,当他看不到这扇门了,他才进入了天堂。

这个故事的寓意深刻。一个从未遇到过成长问题的人,他没法把健康的、完整的爱教给你,因为他根本看不到问题在哪里;而那些遇到成长问题的人,就好像故事里的这个人一样，他的心上横亘着一道难关，想跨过去，不能靠别人的帮助，只能自己克服。

不被爱有很多理由，不漂亮只是其中最轻松的一种归因。觉得自己不漂亮，一方面是一种自我贬低，但另一方面，也是原谅自己的一种方式。我们的容貌是老天和父母给的，是基因决定的，不漂亮可以让人把自己的不满轻松甩锅给高深莫测的命运。

我们怕的是什么？不是不漂亮，我们真正害怕的，是没钱，无趣，没人爱罢了。

所以，吐槽自己的相貌之前，可以先问自己几个问题：好看就一定能有钱吗？好看就一定有人爱吗？好看就一定能不无聊吗？

回答完这几个问题，你会发现，好看不是什么问题都能解决的。你抱怨自己不漂亮，只是借相貌在暗暗不爽你想的东西没得到而已。

世界上没有几个人可以摆脱匮乏感的魔咒。

法国哲学家萨特，同时也是诺贝尔文学奖获得者，有终身伴侣波伏娃陪伴在侧，也永远不乏年轻美貌的女粉丝的追随。可是,他却说:"生活给了我想要的东西,同时又让我明白这一切没什么意思。"

察觉到自己的匮乏,是开始新生活的第一步。

缺钱,就打起精神去赚钱,汗水永远比泪水更有力量。

缺爱,就要让自己值得被爱,或者学会先爱别人。

所以,对自己和对别人好一些吧,也许你所羡慕的其他人也会在深夜里辗转难眠,难以抑制地感到遗憾和缺失。

当你学会了温柔地对待岁月,温柔地对待别人,自然也能学会对自己温柔了。心中充满爱的人,眼中都是美。

丑只是一种幻象,只要你还能去爱。

2. 颜值不等于价值

什么样的杯子是好看的杯子？我想很多人都会有自己喜欢的风格类型。

那么有没有一种杯子是商家愿意卖，价格低、也因此受到顾客欢迎的杯子？

还真的有，那就是一种漏斗形的杯子。

实际上，对制造商来说，漏斗形的杯子解决的最大问题，就是让杯子可以叠放起来存储、运输，大大减少了这两方面的成本。

正是聪明的设计师观察到了这个市场需求点，对原先直筒形的马克杯进行了改进，才设计出了漏斗形的杯子。

也许，这种漏斗形杯子不是最美观的，但简洁的设计让它们看起来也很大气。所以说，美观不是最重要的，能为别人提供某种价值设计才是更为优秀的。

CHAPTER 03

这不仅仅是哪个产业的特例，因为我们的生活也原本就是如此。

我们公司的编辑小吴说，她上大学的时候亲眼见过的一对恋人，男的是学生会干部，成绩好，英俊帅气；女的有点普通，还是一个大四的师姐，明显比男的要年长几岁，看不出有什么特点。可是，这男孩特别爱那个女孩，对她特别好，真是羡煞旁人。

后来，小吴去参加了他们的婚礼。在婚礼上，她才明显地感觉到，原来这个相貌普通的师姐才是这个男生的温暖和依靠。看到他们相处的样子，原先那种旧男生的出色带来的违和感消失了。她由衷地觉得——这个女孩正是男孩的最佳选择。

我们都好奇地追问小吴：是什么东西让你觉得这两个人真的相配呢？小吴说，就是那种感觉吧，这个男孩和女孩在一起的时候，气质变得柔和温暖，女孩也散发出一种别样的光芒。

很多时候，我们都被电视剧、动画片里塑造的女主角形象蒙蔽了。能上镜的女主角，当然要禁得起镜头和观众的考验，但生活却往往比艺术更丰富多彩，剧情也更让人意想不到。

小吴所说的这种情况虽然不算常见，但我也的确遇见过好几次——所有你意想不到的合适背后，其实往往都有一个合理的解释。

在这个看脸的时代，我们可能太过注重感官的刺激与享受，而忽视了人内心的渴望。然而，后者往往才是彼此相处时更重要的东西。

真正相处起来，你需要的其实不是那张你早就看过千万遍的脸。你真正关心的是到家的时候有没有和你说几句暖心的话，遇到烦恼的时候有没有人倾诉，和父母产生矛盾的时候有没有人帮着调解。

甚至，对于最懂得对方需求的夫妻或恋人来说，这些事也都太大了，一些琐碎的细节反而更能给人带来"你真懂我"的感叹，比如，临睡前想喝一杯热牛奶……这样的需要，不是靠脸就可以一劳永逸地解决的。

颜值的确有价值，因为高颜值十分稀缺；但颜值并不是拿来流通的，因为颜值原本就不为了解决某个问题而存在。

真正想要用颜值去解决问题时,颜值往往是不灵的。颜值在很时候最多也就是可以锦上添花。想要解决问题,你必须对别人内心的需求进行观察和理解,能为别人提供情绪价值。

一个用想要用颜值解决问题的人,就像一个作者,只凭本能写作,只写自己喜欢的东西,这种写作,除了满足写作者本人的表达欲和自娱自乐外,能为读者提供的价值有限,能解决的问题也有限。

写作者和市场的磨合,与恋人之间的磨合,其实都是一个道理。

什么样的恋人最受宠?是最懂你的恋人。什么样的作者最受宠?是最懂读者需要的作者。

需求与需求的契合,才能成就真正的美好。千锤百炼之后的返璞归真,才是最高境界。

3. 美貌是走俏货，但并非硬通货

已经过世的港星张国荣肤色白皙，五官清秀中带着一抹俊俏，帅气中又带着一抹温柔，有一种独特的空灵气质。很多人第一眼爱上张国荣，都是因为他的美。

但张国荣曾在电视节目中说，他认为自己是不好看的。

为什么拥有出众颜值的张国荣却觉得自己不好看呢？这可能和他的家庭环境有关。

张国荣的父亲，是香港洋服店的老板，马龙·白兰度、加里·格兰特等好莱坞巨星都是这家裁缝店的常客。

也就是说，张国荣从小见到的顾客多是一些容貌出众的人。看惯了各种风流倜傥、潇洒英俊，自然也就会觉得自己相貌平平了。

也就是说，美貌也是会通货膨胀的。

的确，有一些行业——例如娱乐业和服务业——还有一些人不惜一切为美貌买单。但如果你进入这些行业，你会发现，这些地方已经聚集了很多高颜值的人。

无论在哪个领域，总是人外有人天外有天——把任何事做到极致的人都是少数，美貌也是一样。

这就好像很多人在考入清华北大之前，都觉得自己是天之骄子，因为只有一个地区的前几名，才有可能考进这样的学校。但是，等你一旦入学，你立马就会觉得自己十分普通，因为你周围的人都和你一样优秀，甚至比你还优秀。

同样，在帅哥美女扎堆的地方，你的容貌也不再有明显优势。

因此，即使在那些美貌是优势，是"生产力"的行业，也不太可能只因为美，就轻易得到自己想要的生活，反而需要对除了美之外的其他素质进行磨炼和提升。

假如你在某个遥远的地区拥有一套公寓，由于这是祖上的遗赠，这套公寓你没法转手，不能出租。那么，你会把它当作自己的一笔重要资产吗？

你不会。

如果你真的急需用钱,这套房子帮不上你。它不能租,不能卖,不能拿去变现。你只能在有闲的时候,过去住住,换个环境换个心情。这套祖传老宅,就相当于一个人的美。可以为你锦上添花,却没法雪中送炭。

退一步说,美是千差万别的。我们把颜值高作为美人的统称,可实际上,仪态万方的端庄、清爽利落的精干、如花似玉的娇媚和天真无邪的娇憨,是完全不同的好看。

哪种美会被欣赏,我们无法预测,也难以操控。

例如,在商务会谈的场合,知性美可能更受欢迎;如果是做奢侈品销售,可能端庄大气的美又要更胜一筹了。

在情感领域,有人会为美瞬间心动,但谁知道打动他的是哪种特质呢?有人喜欢温香软玉,有人喜欢冷傲骨感,不是拥有了某种特定的美,就可以征服所有人。**美不是万能钥匙,打不开幸福的保险柜。**

美,虽然具有稀缺性和比较优势,但却不一定能帮你换取你想要的东西和人生。

就拿美和钱这种资源相比较吧。一笔钱,我们想用来换什么东西,就可以换什么东西。钱能体现使用者的意志和想法。我们不拜金,但不得不承认,钱在很多情况下都能帮你达成目的,可以帮我们节省时间,也可以换来舒适和便利。

美往往是一种被动的存在,它被欣赏、被追求,而拥有它的人却没法因为拥有它,轻易实现自己的意志。

当你走在路上,又渴又累,想要打车回家的时候,美就一点也帮不上你的忙,很多其他情况下也是一样。

当然,不是说美不好,但更好的是那些可以能让我们实现自己意志的东西。

如果美是你对自己的要求,你想把它当作目的本身,就恣意地去展现美吧!反过来,如果你觉得不那么美也行,也不会因此失去什么东西。

美,固然是一种难得的体验,但不美,也算不上生命的残缺。

到最后,你真正看重的,可能是你一生中经历过什么、体验过什么——那些才是你永远难忘的回忆,和你之为你的本质。

4. 幸好不漂亮

美联社曾经刊发过圣路易斯联邦储备银行的一份关于颜值、身高和收入之间关系的分析报告，得出的结论是：长得好看的人比相貌平平的人挣钱更多、升职更快！

报告中的数据指出，如果以普通长相者的收入作为基准，那么长相不及普通长相的人收入要比基准数低9%；相反，容貌较好的人收入要比基准数高出5%。

同时我们发现，很多人因为颜值占的便宜，可不仅仅只表现在升职加薪上，长得好看的人会得到更多的关注和赞美，也更容易讨人喜欢。

年轻时和我关系很好的一个朋友，长得漂亮，能歌善舞，写得一手好字，还特别善良。她的漂亮是那种男女都觉得好看，老少都很喜欢的美。美好的事物人人皆喜欢，这样的女孩子，身边从来不乏人追求。面对众多的追求者，青春、温柔、妩媚、感性的她，常常无所适从，失去了判断，不知道自己想要的到底是什么。但最后总是被那些攻势最猛烈、死缠烂打的人追到。每一次她都全情投入，但每一次都会受伤。

年长一些后，偶尔想起来，就会由衷地感到庆幸：感性、心软的我，幸好当时不漂亮。

可能是因为我晚熟，抑或是我的性格天生对什么都不强求，又或者是知道没有人等你，没有人会来找你，就可以安心做自己要做的事。所以，在对没有人追这件事，竟然一点也不介怀，而是一边挣着奖学金，一边跟一帮男男女女的朋友玩得热火朝天。

或许没被老天特别关照过的女孩，最大的幸运就是在于可以按照自己的节奏成长，比起那些命运的宠儿，她们更懂得如何不被生活割伤。

大学毕业，我被分配到一家国有企业工作。可能是因为勤快且不争强好胜，也可能是我运气好，工作也算上一帆风顺。我的领导对我特别好，不漂亮这件事也没有困扰过我，反而是因为这样的不显眼，我得以在接下来的每一个人生步骤里不急不缓的按照自己的节奏慢慢成长,直至如今创办了自己的公司,也出品了一些在业界评价还不算差的产品。多年之后的同窗再聚,好几个在男同学的心中占据着不凡地位的女生悄悄跑过来对我说:你知道吗,我刚刚在聚会上发现,这么多年过去,其实现在我们这些人里,最漂亮、看上去最年轻、气质最好的就是你。我在诧异之余,也忽然对长相这件事,完全释然了,并不是因为我被别人赞美变得比当年看起来漂亮了,而是我发现了比长相更重要的东西,我的"漂亮",恰恰是它们带给我的。

我在少女时代认为的自己不够出挑这件事,恰恰给了我足够的时间和空间去关注漂亮以外的东西,而那些在平稳的岁月里积累下来的能力,沉淀下来的见识,是我不用担心会被岁月带走,反而会在岁月积累下,越来越多的东西。

虽然我至今依旧羡慕身边那些长得好看的朋友,羡慕他们能够获得更多的关注,可是我的朋友却告诉我,他们更加羡慕我,因为我是靠能力获得领导的赏识,从而得到晋升，可他们的努力和付出通常会在外貌的掩盖下被忽略不计，得到夸奖会被旁人认为不过是因为长得好看的缘故，而如果稍微做得不好，又会被认为是靠潜规则上位的，所谓绣花枕头稻草包，不过花瓶而已。继而开始怀疑自己的能力，矫情地认为个人是不是除了长得好看，一无是处。

而有因为长得好带来的好处，自然会有长得好带来的坏处，不止会被人怀疑能力，还有有人凭借长相得到了很多机会，却没有把握住，让机会从手中逃脱，殊不知机会像个贼，来的时候偷偷摸摸，走的时候只会让人损失惨重。

就像我的一个朋友，因为长相不错，性格活泼会讨巧，在领导面前如鱼得水，于是对工作就有些漫不经心，得过且过。接连几次马虎大意搞砸了工作，再宽容大度的领导，也没办法包容下属一而再再而三的犯错，把她辞退了。可她却不以为意，认为自己长得漂亮，此处不留爷自有留爷处，干吗那么吹毛求疵？于是接下来的工作依旧不顺利，磕磕绊绊总是做不长久，我们作为朋友规劝过几次,她都不为所动,我们只好放弃劝说,毕竟每个人都要为她自己选择的人生负责。

也大概是因为外貌优势能带来的一切,都显得太轻易,就变得廉价了,廉价的东西,怎么能让人学会珍惜。

对于人的能力来说也是一样的,如果劣质的和优质的能力一样好用,那么人就没有必要去培养自己的特长,提升自己的优势,而是使用相对简单的办法把事情应付过去就行,毕竟人是惯会偷懒的动物,为什么要舍近而求远。比如一个编辑,由于人美嘴甜,不用分析市场,不用研究竞品,只要刷脸就能很轻易拿下作者,那么谁还有动力去学做方案的本事呢?

哪怕是真的有本事的,天长日久的工作模式下,已经让人养成了惯性,走多了捷径,丧失了自己的竞争能力,终于真的成了彻头彻尾的花瓶。就像茨威格在他的传记作品《断头王后》写到的这样一句话,"所有命运馈赠的礼物,都早已在暗中标好了价格。"然后,我们为我们取巧付出各自的代价,无一例外。

徒有其表却无能力的人,得到机会,也只是加快了暴露短板的时间,终有一天会被人发现,究竟是在滥竽充数,还是名副其实。而岁月会带走我们的青春,带走我们的美貌,却拿不走我们的能力。

虽然人们总会被第一眼所吸引,但是不会一直被吸引。世界名模的脸如果每天出现在眼前,都会有被看腻的一天,而我们普通人的颜值还没有高到可以完全靠脸吃饭的地步,善于利用自己的优点,发挥自己的特长,提升自己的能力,哪怕抓到的是一手烂牌,最终也能实现逆风翻盘,反之亦然。

5. 美貌在被谁消费？

"悲剧就是把美好的东西撕碎了给人看。"

发生在2019年一场震动网络的悲剧是少女偶像雪莉的消逝。

这个女孩有着天使般的笑容。无论工作强度有多高，她都能微笑面对……在公司完备的艺人培训系统下，她一直走着公司给她设置好的人设之路，经营着自己的形象，消费着自己的美貌，所有事情似乎都一帆风顺：公司依靠她赚取利润，她依靠经纪公司提高名气。

但就在突如其来的某一天，她摆脱了被公司消费清纯美貌的命运，活出了自己想要的样子，在公众面前展现了自己"坏女孩"的一面。但网友却不理解，在一片指责和谩骂中，她以一种毁灭性的方式将曾经的美好和世间的恶意定了格。不过让人费解的是，在她去世后，对

CHAPTER 03

她美貌的称赞如潮般水涌来。

到底是谁在消费崔雪莉的美貌？经纪公司、她自己，还是那些粉丝？其实，在雪崩的时候，没有一片雪花是无辜的。每个人都曾经消费过她的美，但每个人也都遗弃了她的美。

也许，这就是流行文化工业时代，这种对美的消费是没法避免的。不过，我们自己不能把自己的美当作消费品。

如果把别人的美当作消费品，还可以说是随大流，但如果把自己的美当作别人的消费品，可以说就很不明智了。

就像在一些平台上的网红，不断上传自己的视频与美照，博得观众的点赞。点赞量多的就有可能得到经纪公司的签约，这是一种质的飞跃。然而这些点赞量最多的视频或许毫无营养，随便什么内容，只要拍主足够好看，就能得到很多赞赏。

我们一边厌倦着网红文化的侵害，一边又用关注度和实际行动去投票，并沉迷其中，乐此不疲。那么当我们在宣传美貌在商业世界里的意义时，谁才是最终得利益者？

2014年，清华大学航天航空学院硕士林丽发布了一张入学和毕业的对比照，入学前她晒得黝黑，毕业时却变得白净知性，不少人惊呼"上完大学变成女神了"。随着这个帖子的热转，清华北大等名校带头进行了一波"颜值营销"，引起了许多其他高校的热转。但这一现象也被很多网友用"油腻"这个词来形容，认为运营小编强调颜值的同时，没有给这些名校的科研实力足够的重视，只是做了一场哗众取宠、舍本逐末的宣传。

社交媒体对颜值的消费，看似每个人都是无辜的从众者，然而每个人也都间接加重了其他人的颜值焦虑，让所有人都觉得自己不够好看，实际上是物化了每个人，让每个人都变成了审美的客体。

美貌给别人带来的愉悦是直接的，那些欣赏美貌的人才是最终的获益者，世界在享受别人的美貌的人手里。消费自我美貌的人不过是商业链的最后一环罢了。

由于我们每天都活在颜值的营销里，无形中似乎每个人都认同了"颜值即正义"这样的看法。

如果你把美貌看成是一种资源，它真的就可以交换一切吗？当然不是！就像偷税漏税的明星，无论她们之前

CHAPTER 03

有多红,相貌有多好看,一旦触犯了社会的底线,便不再会有人为她们的美买单了。

靠美貌改变生活的人,也是这样。不可否认美貌的确令人赏心悦目,甚至在很多时候也有着优势,但审美趋势无时无刻不在改变,如果一味被审美绑架、迎合大众品味,往往就无法真正拥有独立的生活甚至独立人格。而人一旦失去了独立的生活或人格,生活就不再鲜活,每一件事就像是为了别人而完成的。那些用年轻美貌兑换来的富足生活,也自然是愈发岌岌可危的。

终其一生,我们能把握的,只有当下。无论你有没有准备好,都要去追求真正值得追求的东西。否则你终会发现当年用不够美作为借口错过的那个人、那次勇敢上场的机会,甚至你因此失去的自信和勇气,永永远远不会随着你的变美再次出现在你的生命里。

不要将自己的未来全部押注在这种转瞬即逝的东西上,否则,当你失去它的时候,你也会一无所有。

真正清醒、独立的女孩,才是这个世界上最坚强、最有趣的灵魂。

6. 先开口就一定会输吗

很多人想变得漂亮，仅仅是因为外表好看了，心里感觉会很爽。

也有一些人会觉得，当美女就是有好处。那么，我们就来追问一句：当美女到底有什么好？

说来说去，当美女的最大好处，就是有很多人抢着对你好，机会更多。那么，我们再继续追问一句，很多人抢着对你好，就是占了便宜吗？

实际上，感情关系里也有这么一条定律：免费的，才是最贵的。

我们中的大多数人都用过腾讯公司的两款社交软件，ＱＱ和微信。这两款软件都是基本免费的，ＱＱ干掉了曾经"高端"的网络即时通讯软件ＭＳＮ，微信熬死了含着金汤匙降世的中国移动的"亲生子"飞信。现在，

CHAPTER 03

从老人到小孩,没几个人能摆脱这两款应用。

而这两款软件都是从免费开始——不断给用户更好的体验,最后把用户牢牢抓在手心里。接下来,就是服务商说了算了。

给你服务,给你享受,但最后其实是服务方说了算。

同理,当一个男孩追一个女孩时,你会觉得这男孩挺不容易的——每天又是接又是送,想着办法哄女孩开心,简直像个奴隶一样。但是,在两个人条件般配、没有谁占了便宜的前提下,这个男孩才是这段关系中的主人。

首先,决定要追谁,是男孩挑的。他才是真正能发起一个邀约、构建一段关系的人。有挑选权,能给一个人很优越的心理体验。就好像那些学了自己心仪专业的孩子,自然会比被父母逼着学了自己不想学的专业的孩子有更多的主动性。

人一旦自己决定要做什么,全世界都得给他让路。爱情不也一样吗?

其次,决定关系是否延续的,其实恰恰是一段关系的发起者。比如，一个男孩每天都在固定的时间找一个女孩聊天，这样联系了一个月之后，突然有一天他没给这个女孩发信息。这个女孩肯定会感到有点意外、有点失落，一时不知道怎么办。

别看起初需要想办法找话题的是这个男孩，其实，聊了一个月，他有可能已经获得了很多信息，把女孩的喜好摸得一清二楚。而女孩呢？可能还对他的喜好一无所知，因为她始终都处在被迎合的地位——相当于男孩在暗处，女孩却在明处。

如果两个人不合适，分手了，这个男孩往往会更容易放下，因为他的所有情绪已经得到了充分的释放和表达。除了那些功利心特别重的人，往往是那个觉得自己努力过、问心无愧的人更容易放下。

最后，男孩才是那个在规划未来的人，而女孩只是他规划的一部分。主导整段关系往哪个方向去的人，尽管路途漫长，心中也会因为有清晰的地图而觉得不慌不忙。毕竟，主动采取行动的人，才知道自己明天会不会联系这个女孩，而被动的那一方却无法预测这一点。

所以，在任何关系中，都不是谁省了力气，谁就占了便宜。

真正的掌控者，是那些连情绪节奏中的轻重缓急都可以随自己心意的人。

因此，如果你觉得可以，就要主动去追求自己的幸福。觉得好的就去追，觉得不好就可以分开，不必担心周围人的眼光。

世上很多的女孩都希望能做被捧在手心里的小公主，但那种人永远是幸运的极少数。

又或者，我们可以说，在一个安稳的小世界里，也许大部分人都曾经做过公主、王子。不过，也许由于环境的变化，又或者由于公主王子也按捺不住内心对整个世界的渴望，也想从城堡里走出来过真实的人生。那么，你就有可能会见到更现实、更残酷的世界。

有位我很喜欢也很优秀的博主曾经感叹说：为什么从来没遇上过一个机会，能让我做一个有钱人？

这位博主，恰好是一位读书博主。他最熟悉的生活，就是学校生活；他最大的财富，就是知识。他之所以会这么想，是因为他的人生一直在一条既定的轨道上奔驰——读书不需要选择，也不需要争取，自己喜爱即可。

但是，财富或者某个很多人翘首以盼的岗位，却绝非自然而然就能实现的目标。因为知识是越分享越多，但财富或者职位却往往是有限的资源，得靠自己主动争取。

我们都期望能得到所有世间的美好。不过世间大部分的美好，往往来自主动争取和创造。

你不敢让你在自己的行为和勇气上跟你的欲望一致吗?你宁愿像一只畏首畏尾的猫儿,顾全你所认为生命的装饰品的名誉,不惜让你在自己眼中成为一个懦夫,让"我不敢"永远跟随在"我想要"的后面吗?

——莎士比亚《麦克白》

CHAPTER 04
▷

颜值是一枚限量版纪念币

1. 有一种美叫耐看

爱美之心人皆有之。大部分人其实都是在意自己的容貌的，尤其是女孩子。或许你也常常会在照镜子时默默评估自己的长相，"我长得漂不漂亮？"。不同人在不同时间，由于心境的差异，得到的答案各不相同，或黯然神伤，或暗自欢喜。但其实，就外貌而言，重要的不是你有多么好看，而是多么耐看。

这样的观点是我在与一位朋友交流的过程中总结而来的。她是个热爱旅行的摄影师，时常背起行囊、带上相机去看舒适圈外的新鲜事物，于是走的路多了，见的景多了，遇到的人也多了。在一次沙龙上，她与我们分享了自己的云南之旅——沿途风光无限好，云南的许多姑娘的美令她神往。

她说，那里的姑娘们看着就很美，一头乌黑发亮的秀发、一身别致的衣服、一个灿烂自信的笑容，构建了一个个看起来就很美的生命个体，以至于让人们忘却了去端详她们的眼睛是否明亮，眉毛是否细长，鼻子是否高挺，身材是否窈窕……她们的活泼开朗，她们的热情好客，她们的谈吐风格散发出的气场，足以吸引大家的眼球。

这里的姑娘，很多都不是所谓的"第一眼美女"，但看到朋友抓拍的那些人像照片时，我们却觉得这一张张脸庞，真是越看越有味道。单看眉眼，单看鼻梁，单看脸型……她们都称不上美，可是一旦这些普通的五官组合成一张张扬明媚的笑脸后，我们都不由得感叹，真好看！

我们把这种怎么看都看不腻的好看叫作耐看

这种耐看源于发自内心的落落大方，给人一种毫不矫揉造作，无须搔首弄姿的舒适感。这种落落大方是来自她们作为当地人与人相处的热情淳朴的民风。

耐看往往源于一个人流露的气场。有时候一个人长得很美却处处露怯，我们就很难去感受到她的美。当一个人处处束手束脚，如何才能有夺目的光环？这种露怯

CHAPTER 04

其实就是因为对自己的没底气。因为大家都明白，美貌并不永恒，时光注定会剥夺容颜，所以有的人为了抵抗岁月，为了留住美貌，不惜在脸上花下重金，期待借助美白针、玻尿酸、频射仪等产品，能与残忍的时光抗衡。却不想，越折腾越适得其反。

再厉害的驻颜术也抵不住岁月的残酷，长得美终究会转化为容颜衰老，这样人尽皆知的道理让人害怕，也让人再也无法坦然面对自己的不完美，于是露怯就成了必然。连自己都无法坦然面对容颜凋谢，还谈什么让人感到舒服呢？连自己都不够相信自己，如何能熠熠生辉？

让东施出糗的其实不是她的外貌不够漂亮，而是她的搔首弄姿。让人鄙夷的并不是外表如何，而是本末倒置。就像英女王伊丽莎白二世，她早已一头青丝换白发，脸上也遍布皱纹，甚至时常穿着一般会被认为不适合这个年纪的芭比粉。但是我们却还是发自内心地常常夸她：优雅、可爱。她骨子里的气质足以支撑起她从容自然地、优雅地老去，让她看起来美。

很多时候，精致的五官可以通过修饰获得，但是骨子里的气质却只能从内心散发出来。否则,纵使长得再美也不过昙花一现,经不起端详;而即使长得不美,只要能量满满,也能因为耐看而不让人生厌。

让一个人变得耐看的底气,是可以随着自我修养不断提升的,你大可以去旅行、去阅读、去健身、去提高眼界……一切让自己变美好的行为是给耐看加码,给耐看赋值。

我知道,我们许多人都向往拥有好看的皮囊。之所以很多人认为好看的皮囊是重要的,是因为它代表了一份面对他人的体面。但也不要忽略了,忽略了有比皮囊更为重要的东西——修养、眼界、格局,更是自信,这些东西才能真正在很大程度上决定我们给他人的持久印象,这些东西不会因为时光流逝而枯萎,它们构成了耐看的本质。

好看不仅仅是第一眼的印象,更是一个人的恒久价值。把这种恒久价值体现在外貌上,就是漂亮,刻入灵魂,你的漂亮就会更加耐看。

2. 你有多美，取决于你怎么定义美

匆匆忙忙的人生里，拥有什么才能过得精彩，活得热气腾腾？答案有很多，但很多人却只执着于追求颜值，偏执地认为拥有它就可以高枕无忧，获得无限红利。原因很简单，那些颜值超高的人常常一出场就自带聚光灯，立即迎来自己的高光时刻，抓住观众的眼球。于是很多人会因为颜值是所有资源中最直观的，最不费吹灰之力的，也是最一本万利的。

而世界上真的存在一张王牌，帮你获得自己想要的一切吗？

换句话说，我们期望的"完美"，真的是完美的吗？

连英国王室都一票难求的艳星蒂塔·万提斯，在书中说，"如果毫无缺陷才叫'完美'，那么唯一值得担心的缺陷就是这种'完美'会让人变得冷漠，反而陷入自我

怀疑。"

这句话说得深得我心。放下对美的刻板印象，真正的自我才能熠熠生辉。当你从外在的优越转向内在的优秀，你会发现：没有一张完美无缺的脸蛋，同样也可以把我们的人生过得热气腾腾。

放下对美的刻板印象，我们会发现，认真求进取的女孩最耀眼。在奶茶妹妹和章泽天之间，我更喜欢章泽天这个称呼。因为当我们提起奶茶妹妹时，很多人首先想到的是刘强东，随之想到的是与富豪联姻的美貌。但当我们提起章泽天时，想起的往往却是那个拿起话筒就熠熠生辉的姑娘，那个远赴剑桥留学的女子。明明是同一个人，名字却有着大相径庭的意义。奶茶妹妹只有美貌，而章泽天持却是奋发进取的代表，不骄傲、不放纵。

放下对美的一味迷信，我们会发现，独立自律的姑娘最迷人。仔细回忆下来，你会发现美得让人心服口服的，大多是那些能够持之以恒坚持爱好的自律达人。当别人在微博分享自己精修过的美丽自拍时，她们分享自己的健身打卡照，除去了胭脂水粉之后的满头大汗，酣畅淋漓的样子真的值得点赞。虽然她们素颜出镜，但拥有一颗热爱运动、热爱生活的心，真的也能让人心生仰慕。

摆脱对美的固有成见，我们会发现，柔软善良的女人最美丽。2013年"感动中国人物评选"上有这样一个女孩：她年仅12岁，却不幸身患重疾。当得知自己的身体情况后，这位小女孩做出了令人惊讶的决定——将器官捐给需要帮助的人。在她离去后，她的父母遵从了她的遗愿，捐出了她的肝和肾，救活了3个人。数年后的今天，每每提起这个女孩，我们都会由衷感叹，她是最美的女孩，她用善良的心感动了千千万万国人。

其实美好的品格还有很多，我以前一直很喜欢的一句话是"好姑娘万丈光芒"，一个人的美从来不仅限于先天的美貌。何况很多时候美貌可能是父母赋予你的，而其余的万种风情是只要我们努力，它们就跑过来拥抱你的。

美貌如同烟花，在我们年轻的时期可以开得无比绚烂，但时光易老，烟花易冷。美貌这朵花凋零后，我们有没有其他的美可以被他人所看到？我们可以珍视外貌，可以竭尽所能去维护它，但也要多多关注人生其他的光彩。

真正动人的颜值,是你面对别人对自己穿衣风格的指责时,仍旧能保持自己个性的淡定从容;是你在众人面前讲话的时候,侃侃而谈的挥洒自如;是你在遭遇生活打击的时候,依然能保持体面的优雅和自信。

无论你把美定义为什么,都可以肆无忌惮地表达自己的喜好,这是世界和你的约定,也是对自己的宠爱。

美是一种没有规则的规则,因为你要为自己的美制定规则。活得开心痛快,你的眼中才会有神采。不然,美又从哪里来呢?

3. 漂亮这个人设，我不要

我们公司做过很多亲子教育方面的图书。我发现，现在教育领域，专家们几乎达成了一种共识：如果你要表扬一个孩子，千万不要表扬他或她漂亮或者帅气。因为孩子的相貌不是自己努力的结果，而是父母给的。如果他在成长过程中，总是因为一些不需要后天努力的原因得到表扬，那么他容易陷入可以不劳而获的错觉。

同理，我们也不要总是表扬一个孩子聪明、脑筋灵活。想要让孩子胜不骄、败不馁，就要表扬她或他努力、坚强、有探索精神等可以后天培养的特质。

因为，你的所有表扬，都会给这个孩子建立一种"增强回路"。

简而言之，如果你能搭建一个系统，在这个系统中，原因能够增强结果，结果反过来又增强原因，整个系统能通过这种相互作用自动扩张——这就是增强回路。

如果在孩子很小的时候,我们总是在他努力的时候表扬他勤奋,在他反复挑战困难任务的时候表扬他坚强,他的耐挫能力就会比较高,他在以后的人生中,就比较容易建立起勤奋、坚强这样的宝贵品质。通过这样的方式,你就给孩子搭建了一个对其成长有利的增强回路。

但是,如果一个人耳边总是会响起"漂亮"这样的表扬,那么,他或她就有可能从小就进入了一个注重颜值的增强回路。比如,花更多的时间凝视镜中的自己,把更多精力花在时尚穿搭上,更注重自己的仪态和发型……也许,在青春期那段时间里,他或她会走在所有人的前面,成为最好看的那批人。

不过,人的颜值总会慢慢下降的。比如某位女星曾经是全民级别的偶像,曾经被人称作"小妖精",然而随着年岁渐长,红颜不再,再化上烟熏浓妆,就被刻薄的人称为"老妖精"。即使打再多的玻尿酸,也难以留住年轻时的美貌;再紧绷的皮肤,也抵抗不住几十年的地心引力,终究会松弛下垂。

CHAPTER 04

美貌是天生的,谁也改变不了。美貌不是一种原罪,不是口诛笔伐的对象。但是,如果你拥有美貌,就应该用正确的态度去对待美貌。

看到某处有一个说法,好看而不自知的人最美。无论你知道还是不知道,美丽就在那里,不增不减。所以,颜值高不高,无须过度关注,也不用觉得"美貌"才是一个人最好的标签。

物理学家普朗克、wifi之母海蒂·拉玛、石油专家王德民、生物学家颜宁……提到这些人的时候,我们脑海中第一个出现的是他们在各自的专业领域做出的巨大贡献,而不是他们的颜值有多高,或者曾经有多高。

几年前,演员马思纯发过一段微博文字,得到了很多人的赞同。这句话是这么说的:"这世上比我美的姑娘很多,比我有才情的姑娘也很多,比我贤惠的姑娘还是很多,可这并不令我沮丧,因为我比从前的自己好了很多。羡慕从不盲目,知足也知火候。以前写给自己的话,如今加上一句,谦卑但不软弱,自信却不骄纵,勇敢也别放肆,我永远深信,任何的得到都是眷顾。"

演戏，在大家看来是一个靠脸吃饭的行业，但马思纯仍旧能看到别人各方面的优势，锤炼自己的心态，把人生当作一场和自己的竞赛。

所以，在追求颜值之前，请先把自己的能力置顶。

况且，颜值从来也不是一个人最有价值的标签。真正值得终生守护，又让人赏心悦目的，是风度，是对生活的好心态。

想想看，自己身边真正被你喜欢过的那些人，可能是温柔善良的闺密，可能是聪明绝顶的学霸，但很少有人单凭颜值就会获得你的青睐。

如果一个人身上有且仅有高颜值这么一个标签，其实是有点可悲的。即便是对于杨超越这样卷席娱乐圈的现象级偶像，大家喜欢的也不仅仅是她的美貌，更多的是她的直爽率真，不是吗？

4. 别让颜值，成为人生的最高值

我在某处看到一个观点，一个才华超过90%的人，比颜值胜过90%的人更厉害。

但原因在哪儿呢？

这是因为，才华的上限和颜值的上限不一样。

很多朋友可能都看过《生活大爆炸》这部情景喜剧，这部美剧里的很多桥段都来源于真实的生活。通过这部剧，我们了解到，做理论物理学的人可以说是站在了物理系鄙视链的顶端，而参与宇宙飞船设计的工程师，在物理系却要受到每个人的鄙视。

这种看似毫无道理的鄙视，简直叫我们大跌眼镜。那么，这种物理系内部的鄙视链究竟是怎么出现的呢？也是上限的不同造成的。

理论物理学研究的是最基础的东西，这个专业要做的事情，就是提出一些原本没有被发现的假说，要对人类观察不到的一些极致的情况进行猜想和论证。所以，理论物理做得好的人，才能是没有上限的，如果足够厉害，甚至可以改变整个物理学的走向，颠覆整个学科。例如牛顿和爱因斯坦。

而工程师就不一样了。工程师只是根据已经明确的一些物理原理进行一些实际的发明创造。他们不需要把任何原理推到极致，只需要对具体情况下的发明创造进行验证就可以了。即使他们创造了某种东西，也不会对整个物理学产生影响。所以，他们能够影响的范围实际上很有限。

和理论物理学家与工程师之间的差距一样，才华与颜值之间也存在着巨大的差距。为什么才华胜过90%的人，比颜值胜过90%的人更厉害？因为一个人的才华是没有上限的。如果一个数学家足够厉害，就可以摘取数学皇冠上的明珠，甚至可以叫板爱因斯坦。

总之，才华这个东西上限很高，只要足够有才，你完全可以突破其他人的上限，自己创造一个上限。但是，

CHAPTER 04

很显然，颜值无法做到这一点。

颜值不仅有上限，而且天花板很低。想突破颜值的上限？几乎不可能。甚至，有时候时代的总体颜值还会出现一种倒退，比如，现在很多人都觉得，如今的女星没有林青霞、王祖贤那一代的女星美了。想要让颜值再高些，就需要其他的附加值了，单单提高颜值是做不到的。

简而言之，如果才华的满分是一百分，颜值的满分却可能只有十分。才华还可以无止境地上涨，颜值却不行。

比如说，现代作家写出来的东西可能没法说媲美李白、杜甫，但另辟蹊径，在某个文学类型中进行一点小小的创新，也还是有可能的。如果足够有才能，你可以改变所有人看待世界的方式，比如当一个哲学家；你还可以改变所有人生活的方式，比如成为微信创始人张小龙。

但颜值就不同了。"人无千日好，花无百日红"，无论老天爷多么赏脸，也就是给人一个很高的初始值。且到了中年之后，这个初始值会开始走下坡路了。即便是绝色美人，再怎么保养也无法保持颜值巅峰，能保持原有水平就不错了。

当然,颜值也有一套自己的逻辑和规律,但这个逻辑是没法穷根究底地往前推的。如果你在这个领域的潜心研究,也能换来时尚前沿的位置,但这和自己变美是两码事。

而巨大的才华就不同了。当我们把才华做到极致的时候,才华就可以在人生和社会的每个领域绽放自己的光彩。比如金庸这样的作家,几乎可以说有华人的地方就有金庸小说。无论是影视、时尚、文学,还是社交、为人处世、中国传统文化……都能搭载上这样一个巨大的IP,并长久地发挥其价值。

可见,才华,才是可以穿透时代、穿透每个社会圈层的力量。

有句老话,说对一个人的欣赏,始于颜值,敬于才华,合于性格,久于善良,终于人品。千万别让你的颜值,成为人生的最高值。因为,颜值只是底线,才华却可以突破极限啊。

她以为自己在屋子里便可以高枕无忧,殊不知墙壁上已经出现了裂痕。

——福楼拜《包法利夫人》

CHAPTER 05

▷

智慧比颜值更能
带来一场心动

CHAPTER 05

1. 平凡是爱最恒久的本质

办公室有个姑娘结婚没多久就开始陷入怅然,她觉得她老公不那么爱她了,他们的爱情肯定出了问题。

细细问来,原来姑娘觉得她与老公步入婚姻后,感情浓度大幅下滑,每日围绕的都是柴米油盐酱醋茶,这种毫无波澜的平凡得让她觉得丧气。

你们说,是不是我这张脸他看久了厌了?

姑娘哭丧着脸,让人看着十分心疼。

"难道你老公每天陪着你上刀山下油锅才不算厌了你?哪儿来那么多惊天地泣鬼神啊!就算你美若天仙,这世上还没那么多刀山和油锅呢!"

某位同事的话噎住了这位姑娘后面的所有抱怨。

听到这,我悄悄离开了讨论圈,心里不免有些感叹,又是一个不甘平凡的姑娘。自从各种"霸道总裁爱上我"

的戏码充斥网络后,许多人对爱情的关注点越来越偏颇。因为故事里的女主角势必是貌美如花的,她与男主角的感情也势必多灾多难,正是这重重考验才越发证明男女主角的情比金坚,是如蜡烛燃尽生命般热烈的。

于是年轻女孩们都深信:只有轰轰烈烈的爱情才是爱情。

可是就像我同事所说的,世界上哪有那么多刀山油锅呢?平淡才是爱情的本质,所有热烈到最后都会趋于平淡。当现实与理想发生冲突时,那些没能转过弯的姑娘就都开始纠结、焦虑:是不是因为我不够美才没能得到轰轰烈烈的爱情?

在婚恋中充满着对外貌的焦虑。婚前担心外貌不过关,婚姻老大难;婚后又害怕人老珠黄。一个好的外貌就真的能让爱情保鲜吗?

理论上最好的爱情,是**激情、亲密和承诺一个也不能少**。

前边提到的那个姑娘,觉得她的爱情出了问题,其实是激情渐退。

CHAPTER 05

激情往往是由多巴胺决定的,人体内的多巴胺浓度越高,则越有激情。可是多巴胺并不能永远维持在极高的水平,一个人天天亢奋,可能吗?正常吗?但轰轰烈烈、燃烧彼此却是很多人认为爱情该有的样子,如若不是,就是对方看厌了自己。

还记得前几年网上热播的一部名为《亲爱的,不要跨过那条江》的纪录片,片中讲述了姜熙烈与丈夫赵炳万的爱情故事。这对耄耋夫妇甜蜜"肉麻"的生活让人羡慕,后来老爷爷赵炳万的骤然离世又让人落泪。这是我见过的最美好的爱情的模样。可是他们的爱情难道就不平凡吗?要知道,他们居住的并非皇宫大院,而是韩国江原道横城山村;他们的日常不过是一起吃饭、牵手散步等细碎琐事,而不是打怪闯关般历劫;这对老夫妇也没有明星般无可挑剔的长相,他们只是一对白发苍苍的老人。但是这样平凡的日常这并不妨碍我们发自内心去羡慕他们,那么为什么到我们自己身上却总会纠结于爱情是否太过平淡?

一方面,这其实是我们内心的不安在作祟,因为大家都明白任何关系都需要妥善经营，平淡的爱情也是。当我们缺乏经营时，内心的不安就会变相为自己找借口：因为我不够美、因为我不够优秀、因为……

另一方面，大部分人都希望自己能成为世界的中心，成为文学作品中的女主角。许多人都过分羡慕那些美貌的人，潜意识中就已然将美貌等同于收获和特权。可是世界哪有那么多女主角，文学作品之所以为文学作品，就是因为其强烈的冲突和戏剧性。于是成不了女主角的人，只好将自己"不够美丽"的抱怨当作发泄失望的唯一出口。

只有那些不成熟的人才会期待爱情永远像电视剧一样轰轰烈烈，成熟的人会好好经营好自己的小家和爱情。

生活就是柴米油盐酱醋茶的总和，所有热烈的爱情最终都要归于生活，回归平淡。但是平淡不代表不存在，爱情很脆弱，但也不是真的那么脆弱。

2. 因为遗憾，我们爱好看的人

近来，"颜值即正义"已经成了某种近似"政治正确"的东西。

"你长得那么好看，说什么都对"，这么说的时候，人们固然也带着几分调侃，但心里似乎也没觉得有什么不对。

不久前，新加坡有一位斗殴中过失杀人的女性，竟然因为颜值高，引发众多网友联名为她求情免除死刑判决。

真的让人难以置信，颜值竟有这么大的威力。

20世纪八九十年代出生的这一代人，从小学到高中，一般无论男女，家长对他们的要求都是关于学习成绩的。为了能让孩子取得一个好的成绩，家长们拼命给孩子报补习班。家长在孩子考砸了之后参加家长会，往往都会感到颜面扫地。

如果一个孩子成绩不好，哪怕他再怎么爱劳动、关心他人、人品正直，似乎也不会得到多少褒奖。

这原本也会带来一种公平——高考的公平。所有人都为这场考试全力以赴，以最大的庄重去对待。但这同时也形成了一种风气——很多孩子只会用成绩好坏去评价自己。比如某个人成绩好，就理所当然应该当班长，大家也愿意听他的。不夸张地说，在一个人成年以前，学习成绩是很多人心中的权威。

上了大学之后，画风突然就变了。家长关心你的话题变成了："什么时候把你男朋友/女朋友带回家看看？"

当思想里的旧权威消失之后，一个人是最脆弱、最容易被攻占的。

学习成绩靠不住了，那么大家应该相信什么力量呢？

很多孩子小时候都学过某种才艺，琴棋书画，游泳溜冰……家里有条件的，还会让孩子上很多千奇百怪的课。但每个人的才艺都不一样啊，这个人可能在弹吉他方面更胜一筹，那个人能跳街舞，到底谁更优秀？

原本统一的那个标准消失了。这个时候，一个新的、统一的、甚至能跨性别去比较的东西出现了——它就是颜值。

它和成绩一样,是摆在明面上的,每个人都能看到;同时,它又和年轻人在这个阶段的"绩效"有关,对谈恋爱有直接的影响。

现实就是这么残酷,颜值一下子就取代了成绩,成了很多人心目中的新权威了。

这个时候的颜值,还带有一点青春反叛的意思。从前,命题的权利都在别人手里,我们只能乖乖埋头答题;现在,喜欢不喜欢,颜值高不高,可以自己说了算。

这样,你就可以理解,为何颜值在一个人的成长过程中是作为成绩的对立面出现的——越是重视成绩的地区,似乎就越会狂热地追求颜值。

比如说,欧美地区的明星素颜出来逛街的有很多。甚至,在他们化了妆之后,和一般的路人差别也没那么大。

相反,东亚地区的明星似乎都把自己当作动漫里的人物来打扮,恨不得一张脸上只剩下两只忽闪忽闪的大眼睛。各路网红也跟着有样学样,一定要给自己修出一张锥子脸。曾经还爆出过网红忘记开滤镜,暴露真实长相之后,因为和荧幕形象反差太大,居然造成"播出事故"的新闻。

所以说,颜值评价是作为成绩评价的对立面出现的,是后者一种反向的对等物。

颜值背后的心理是什么?是一个人终于能摆脱成绩的束缚,主宰自己人生的某部分。

他们被压抑得太久,于是他们下定决心——这一次,要为自己而活。

他们爱颜值,很多时候,也是在"凭吊"自己姗姗来迟的青春。

3. 有审美就有疲劳

有一本畅销书本叫《别让相爱败给相处》,这个书名戳到了多少人的痛处。我的朋友小王就是这样一位让相爱败给了相处的"中枪者"。他三十来岁,就已经离过三次婚。"原来婚姻真的会让人审美疲劳啊。"是他挂在嘴边的一句感叹。

小王是在星巴克遇到自己的第一位心上人的。女孩子当时穿着很仙气的长裙,波浪卷的长发很随意地披散在肩膀上。小王第一眼就爱上了她完美的侧颜。此后两个人经常在星巴克"偶遇",三个月之后,他们就成了幸福的一对。

但慢慢地,小王发现了对方的很多缺点,开始觉得厌倦了。以前能花半个小时,眼巴巴地等她的电话,现在连给她开个门都不耐烦。后来,小王爱上了其他的女生,两人和平分手。小王接下来的几段婚姻也没能逃脱分手的结果。小王自己也很苦恼。

为什么会出现这种现象呢?《思考,快与慢》中谈到一个有意思的理论,叫"回归均值"。就是说,人的感受是有个平均水平的,可能某个时刻,你的幸福会达到顶点,但随着时间的流逝,感觉又会回归到原来的水平。

王小波曾经说过,如果人长时间生活在一种无法改变的痛苦中,痛苦也会变成一种幸福。其实倒不是痛苦变成了幸福,而是时间长了,痛苦就淡化了,而生活总会给人带来新的乐趣。

人生若只如初见,何事秋风悲画扇。第一次看到美女,难免惊为天人,但看的时间长了,也就那样了。

如果美仅仅停留于表面,那无论多么美,最终一定都会疲劳的。我们想要防止审美疲劳,就不要让对方把注意力集中在外表上。

为什么呢?因为生活中还有很多其他的东西可以看啊。两个人共享某件事的乐趣,或者一个人先享受到一种乐趣,再分享给另外一个人,都是很快乐的事。

比如你喜欢读书,读到其中有意思的段落,就可以和身边另外一个人分享。有些书,不是相爱的两个人一起读,是没法领略妙处的。比如《爱的五种语言》,两个人一起阅读,会比单单一个人读,更能感受到不一样的境界。

比如你喜欢园艺。一个人独自打理花园和院墙,是很辛苦的。一个人洒水,一个人剪枝;一个人扫地,一个人喂鱼,说说笑笑,悠闲自在,这才有乐趣。等到满架蔷薇盛开的时候,和另一个人携手共赏,岂不美哉?

甚至,哪怕你仅仅就是想好好工作,好好经营自己的家庭,你也可以有很多事情可以做。和另一半谈谈一天的心得和烦恼,哪怕另一个人只是安静地倾听,也能起到分担的作用。如果听的人还能时不时提出一些建议,就更能让人得到安慰。

就像那句话一样:两个人一起分享快乐,快乐就会加倍;两个人一起分担痛苦,痛苦就会减半。

没有什么样的身体之美,经得起长久的审视。再好的容颜,看多了也会厌倦。年轻时,女性的美跟外貌一定程度上相关，但基因、激素不可逆，随着时间的流逝，你的性格、知识、能力、仪态会受到更多关注。这时候，美就不仅仅是容颜，而是发自内心地感受到的一种美好。

美只能给人短时的吸引，看多了也会感到厌倦，但一个懂你的人陪在身边，却能不断地给你输送能量，因为在懂你的人面前，你可以卸下伪装，做最真实的自己。

懂你的人，会用你所需要的方式去理解你。不懂你的人，会用他所需要的方式去对待你。

懂你的人，你的一句话，一个动作或者一个眼神，他就能明白你所表达的意思。

两个人之间的相互理解，是超越了容貌，甚至超越了语言的。在外人面前，很少有人会分享自己的痛楚，我们总喜欢用微笑来掩饰一切。把"我很好，我没事"挂在嘴边的人，却忘记了只有真的有事的人，才会说没事。而没事的人，却根本不明白发生了什么事。

我们变成了刺猬，用满身的刺挡住了别人的关心，心里却那么孤独。但是我们仍然渴望着，渴望着有那么一个人能拨开我身上那些刺，耐心地听听我们内心的声音，明白我们的口是心非,懂我们没有底气的强势,理解那些并不牢固的坚强。

  最舒适的、最安全的、最温暖的,永远不是一个人的容貌,而是那种贴心的温暖与熨帖。鞋子总会越穿越旧,但只有穿旧了的鞋子越来越舒服。

4. 对味的人永远都有共同话题

在这个看脸的时代,许多人都喜欢将颜值与爱情联系在一起,并把对外貌的焦虑融入感情的方方面面。不被爱是因为长得丑,分手是因为人老珠黄,往往怀抱这样的心态的人很少会去挖掘外貌背后的那种不般配。

大多数时候,不般配的其实不是外貌,而是话题,外貌的美能吸引一时,却无法持续吸引一个人。这并非喜新厌旧,也不是朱颜衰老,而是因为两个人的结合、相恋、久处并不是只看脸就够了。一段爱情能不能维持,其实还要看两个人对不对味,能不能聊得来。

太多人在因为外貌相恋后遇到的最大的滑铁卢就是——不合适,因为他们怎么聊、怎么相处也不对味。人们常常调侃——好看能当饭吃吗?同样的,好看也不能当话题聊。我们可以就彼此感兴趣的话题聊一辈子,却无法围绕"你好漂亮"、"你长得好看"这样的话题聊一辈子。

这样的道理其实每个人都知道,但偏偏还有那么多人喜欢揪着外貌如何不放。原因很简单。在遭遇的失败时,我们都会习惯于内归因或外归因,也就是总要找个理由。内归因的人会陷入自责,认为是自己的问题导致感情的失败,或许是不够美,或许是能力不足,或者是……这样的归因方式总能让人留有一丝希望:或许我变美了,或许我提升了自己,就可以挽回。

而外归因的人则会将问题归咎于对方,是对方喜新厌旧,是对方颜控……毕竟没有多少人愿意承认"一段感情的失败中也有自己的问题",所以很少有人把感情失败的原因归于性格不合、三观相背、聊不来等。尽管事实就是如此,他们还是更愿意将感情的失败推到容貌或其他因素上,而自己则是感情中的受害者。不够好看的他们遭遇不幸的感情足以将他们放在弱势的地位上。

不可否认,失恋是痛苦的,而无论内归因或外归因都能让失恋者好受一点。可这对解决问题毫无帮助。很多人常常在这样的归因后依旧会陷入情伤,因为他永远无法正视他们的感情真正存在的问题。因为不正视,所以也不会意识到怎样的人才是对的人,于是下次恋情里就很容易继续上演上一段恋情的戏码。

有些时候,两个人的事,并不存在绝对的谁是谁非,只有合不合适。就像那句俗语说的,萝卜青菜各有所爱。不对味的人,即使始于颜值,沉沦于才华,也不能情投意合。

说到情投意合,钱钟书与杨绛先生的爱情或许就是答案。对这两人深有研究的胡河清是这样评价他们的爱情的:"钱钟书杨绛伉俪,可以说是中国当代文学中的一双名剑。钱锺书如英气流动之雄剑,常常出匣自鸣,语惊天下;杨绛则如青光含藏之雌剑,大智若愚,不嫌锋刃。"

他们虽风格不同,但却都深爱文学。有着共同的兴趣爱好的他们总能在生活中发现各种各样的乐趣。这种对味,是来自骨子里的深深的共鸣。所以他们总有说不完的悄悄话,写不完的情长纸短。当然,他们偶尔也会闹小脾气,例如,他们曾因为某个法语读音的异议而争得不可开交。

可这并不影响他们的感情,对味不是保持完全一致的处事风格,也不要求完全一致的三观,它是一种相互理解后的求大同存小异。

一辈子很长,要和聊得来的人在一起才能对抗漫长的时光。

5.郎才女貌只是感情的额外赠品

怎样的爱情值得羡慕?这是许多女孩都会问的问题。毋庸置疑,肯定有很多人会说,郎才女貌就是最值得羡慕的爱情。但其实郎才女貌从来都不是爱情的主菜,就如《简·爱》中所说,爱是一场博弈,必须保持永远与对方不分伯仲、势均力敌,才能长此以往地相依相息。可是外貌从来不是能与才华相匹配的筹码,才华也未必是爱情长久的保鲜剂。所谓的郎才女貌不过是感情中的赠品,有了就是锦上添花,没有也是无伤大雅。

就像《简·爱》中的女主角简,她外貌普通,身材干瘪瘦弱,但她并不比任何白富美差,因为她的精神足够富足,灵魂足够善良。而男主角罗切斯特则是一个称不上帅气,但很坚毅,极有责任心的男子。如果你认真读完这本书,你会发现两人之间让人动容的爱情、他们的般配，不是因为他们的外貌多么出众，也不是因为他们多么才华横溢。他们不过是大背景下的普通人。但是罗切斯特从来不介意简的平凡与穷困，简最后也没有抛弃因火灾致残的罗切斯特，并且成了他的妻子。当我们谈论男女主角之间的这种真情时，很少有人会关注到他们的外貌和才华。

这才是最动人的爱情。

我的一个朋友曾经跟我说，他最羡慕的爱情是父母的爱情。每天吃完晚饭后，他父亲总会与他母亲手牵手去散步。虽然他的母亲并不貌美，虽然他的父亲也不是什么才华横溢的大才子，但他们切切实实恩爱相伴地度过了很多个春秋。

以前的时候他总纠结于自己不够优秀，不够帅气。但他说，每每看到父母的样子，他就觉得又相信爱情了。相信普通人也可以有甜蜜的爱情。

一次下午茶闲聊时，朋友说了这样一段话。

我们太多人喜欢给爱情预设一个模样，认为郎才女貌的爱情才是这个世界上最牢固的爱情，其实不然，郎才女貌的爱情也只是普通的爱情，它与普通人的爱情无异，也可能会消散。我们看到心中的美好幻影破灭了，就说再也不相信爱情了。那为什么不去看看身边的爱情呢，你或许会发现，普通人的爱情也大抵如此，有人分开，也有人永远相守。我们该羡慕的是一人心与白首不相离，而不是郎才女貌。因为郎女貌并不能为爱情增加抗风险的筹码，它只是锦上添花，吸引的只是他人的注意到罢了。情之冷暖只有当事人才知道。

其实对爱情的错误理解很多时候恰恰是因为我们把自己看得太重。对郎才女貌的渴望是因为我们不甘平庸，不甘平凡，大多数人总喜欢将自己视为世界的中心，期待能够成为聚光灯下的那个人。可惜的是，大部分人于这个世界而言不过是个普通人，没有很出众的才华，也没有很出众的外貌，过着普通的生活，做着普通的工作。

我们可以期待郎才女貌的爱情降临，也可以赞叹郎才女貌的爱情，但无须羡慕，也不要把它当作唯一指标。谁又能说，普通人就不配得到爱情呢？谁又能说，不是郎才女貌的爱情就不幸福呢？

CHAPTER 05

不要太执着于郎才女貌,它不过是感情的赠品,它并不妨碍你爱别人,也不妨碍你得到爱情。爱情除了才华与美貌,还有更多需要挖掘的美好,例如人性之善,例如有趣的灵魂。如果那个爱你、欣赏你的人还未出现,与才、貌无关,只是时机未到,你要等,一边修炼自己,一边等。

人并不是因为美丽而可爱,而是因为可爱而美丽。

——托尔斯泰《安娜·卡列尼娜》

CHAPTER 06
▷

把美当作结果,
而不是开端

CHAPTER 06

1. 优势也是一种限制

周末去看电影,发现年纪越大,就越不容易被影视剧里刻意设置的泪点打动了。倒不是因为心肠变硬了,实际上,我仍旧和以前一样,会受到别人情绪的感染。但由于编辑的职业习惯,我对剧情发展的预测能力越来越强,很多时候,每当勾人落泪的情节出现的时候,我早就预料到剧情会这样发展了,自然受到的触动就被稀释掉很多。

文学作品调动读者情绪的规律,和我们日常生活中的感情规律,其实并没有什么两样。

我曾经在知乎上看到一个有意思的问题:如果知道一个女生对配偶有什么样的要求,并达到了她的标准,是不是就可以和她谈恋爱了?

点赞最多的回答说,没用的,这些所谓的标准可能只是女生拒绝你的借口，没有人会说出自己内心的真实想法。

我倒觉得，这只是其中的一种可能。还有一个可能是，其实每个人对自己想法的描述，都不是永远正确的，那只是一种此时此景，是一种当下主观的预设。

一个女孩可能在没谈恋爱之前，会提出种种抽象的要求，比如男孩一定要一米八以上，而现实中一个一米七五的男孩子对她很好，她也可能会觉得对方挺不错的。这个时候，她早就把自己拟定的择偶标准抛到九霄云外去了。

相貌上的优势也是一样。受到影视剧和小说的影响，很多人都觉得自己的另一半必须要好看，要满足自己"对爱情的想象"但真正谈起恋爱，却会发现完全不是这么一回事儿。

颜值是摆在明面上的优势，你可能会有一个强烈的预期——自己会被颜值打动。由于这种预期过于强烈，反而妨碍你对美貌之人产生心动的感觉——和前面提到的那些看电影的观众一样。

而那些不以颜值取胜的人,他们的优势是潜伏在水面之下的,你也不知道自己会发现他们的哪些优点。

很多时候,心动的感觉,就是一瞬间发生的事。本来一个你觉得平平无奇的人,因为写得一手好字,弹得一手好吉他,或者在你失落的时候讲了几句暖心的话,反而会让你怦然心动,觉得找到了"命中注定就是你"的感觉。

这种感觉不是按照剧情设置好的,而是突然发生的,让你猝不及防,猛然坠入了爱河。这就是爱情的奇妙之处。

我想,很多人的感情可能都会经历的一个过程——初相识的时候,你不知道这个人怎么样,后来开始发现这个人的优点,再后来又对一个人的优点渐渐习惯,以至于渐渐视而不见。到最后,连你自己也不明白为什么会对这个人如此着迷,却仍旧能继续从平常的生活中发现对方新的一面,并为之感到惊喜。

在人们说自己喜欢高颜值的另一半的时候,喜欢的其实是浪漫的遐想——打破原本平庸的日常生活,让你觉得自己获得了异于常人的东西。所以,通俗小说作者往往会假设一些极端情况的存在,比如貌不惊人的女主角突然被高大、英俊、帅气还多金的男主角爱上,而且终生不渝——这是读者普遍会幻想的桥段。

然而,浪漫降临的方式,比我们想象的要多得多。并不是所有浪漫都会以类型小说里那种极端的方式来到我们面前。

触发情绪的开关到处都是,意想不到的幸福一点就着。美好和浪漫,其实就藏在每个人身边。

2. 当你找到你自己，才能找到你的美

金庸小说里面有个有意思的说法，叫"文无第一，武无第二"。

文无第一，说的是一个人的文章写得再怎么好和其他人相比也是各有千秋，很难分出谁高谁低；武无第二，意思是说比武总能分出第一和第二，看谁行，只要比画两招就知道了。

很多人觉得自己不够好，是因为他们对"美"的追求过于狭窄——追求的是多半是"比别人美"，或是至少不能"比别人差"。

有个编辑曾经说，自己很怕和又甜又嗲的女孩子一起逛街，觉得人家是嘴巴里含块石子都会化，而自己恐怕是可以"胸口碎大石"，相比之下难免有自惭形秽的感觉。

还有的人说，不喜欢自己的形象，觉得自己太幼稚，

想要变得成熟起来。

实际上，美就像金庸先生所说的"文无第一"一样，总是各花入各眼，各有千秋。

首先，美不是一种表演。一个不喜欢撒娇的独立女性，自然很难做出小鸟依人的姿态。想和其他的人比美，就要在内心深处把自己当作另外一个人——这实际上是对自己的不尊重。

有句话说得挺好：请谨慎选择你的对手，因为你们会越来越像。

所以，就算是为了在情感关系的竞争中获胜，也不要去模仿别人，做好自己就够了。

但同时，美也是一种表演。但你演的不是另外一个人，而是在特定的场合中你要去"扮演"的那种风格。

比如，你是一位热舞演员，就要在舞台上演出性感妖娆的样子，这是节目要求你做的；如果你要在公开场合演讲，那么就要讲得慷慨激昂，这是对全场听众的尊重；如果你是伴娘，那么就要低调一些，不用过于抢戏，因为这一天可能是你的好朋友人生中最重要的一天。

CHAPTER 06

你说出的每句话，表现出来的每种样子，都要符合你身处的场合，这是场景给行为赋予的意义。我们无须去和任何人比较，只要表现出恰如其分的自己，就是美的。

这两种表演并不矛盾，因为只有你表现得忠实于自己，才是恰如其分。

可能女性朋友中的很多人都看过韩国歌星李孝利的表演，她以舞蹈风格热辣性感、歌声磁性动人闻名。然而，她在功成名就之后选择淡出歌坛，并在2013年和音乐人男友李尚顺结婚。两个人的婚礼非常简单，李孝利穿着一件几百块的婚纱就把自己嫁出去了。退隐几年之后，人们才在综艺节目里再次见到这位昔年的性感女神。

在这档叫《民宿》的节目里，观众们看到的是最真实的李孝利以及她的家庭生活。李孝利素颜出镜，看起来自然而随意，夫妻二人间的互动让人觉得温暖而放松。

由于李孝利原本的名声，也由于节目中的李孝利和大家熟悉的那个会跳热舞的她反差强烈，更由于节目传达出的平凡生活的美好，这档节目火遍了韩国，也收获了不少中国观众的喜爱。《民宿》在豆瓣上有将近两万人评论，得分9.4，可以想象它有多么受人欢迎。

在舞台上热歌劲舞的李孝利，与在《民宿》中尽情享受生活的李孝利，很符合我们上面所说的这两种表演的理念。

李孝利在婚姻中选择爱情，最后过上了自己向往的轻松自在的生活，无疑是尊重自己内心的表现——恰如其分地做自己，美就是一种大自在。

在女人之间的角力与追逐中，外貌更美者未必胜出。究竟什么样的人会赢得感情，赢得围观者，我们根本总结不出所谓的规律。人心是复杂的，也是千变万化的，与其去捉摸一个不可知的标准，不如摘下这顶紧箍咒，该干什么干什么。

张爱玲在看到情敌小周的那一瞬间也会自惭形秽，觉得自己没有对方身上那种少女的美。然而，百年之后，人们早已不知小周是谁，却记住了才女张爱玲。很多人都为她对胡兰成错付真情而扼腕痛惜，她的隔代知音——著名学者夏志清却宣称：自己最爱的女人就是张爱玲。

不要让美成为束缚住你的理由，你，才是自己生活的导演。

3. 自律是持久美貌的利器

很多时候我们羡慕别人的容貌,却没有看到对方在维持容貌这件事情上付出的努力。没有任何一种成功来得轻松,外貌的成功也是如此。能阻碍我们变得更好、更美的从来不是命运,而是我们自己,能让我们变得又美又快乐的也只有我们自己,自律才是恒久维持美貌的利器。

我认识的一位姑娘,她是朋友们心目中的女神。名牌大学毕业的她去了一家知名公司上班,翻译的工作令她获得了可观的薪水,过着小资的生活。所有人都羡慕她能把小日子过得如此滋润,也羡慕她貌美如花。但是与她关系亲近的人却都很清楚,哪有什么轻轻松松的成功,都是自我约束成就了美好。学生时期的她就很明确自己想要什么,当别人沉迷于游戏、热衷于熬夜时,她坚持健身、坚持阅读、坚持护肤,把自律的生活过到了极致。

后来工作了几年,她仍没有丢下这样的习惯,不管工作再忙也要坚持自己的兴趣爱好、坚持晨跑、坚持健身、坚持每周看一场电影、坚持一个月看完一本书……就是这样时时自律才最终成就了她美好的样子。

有句话叫"自律即自由",这句话说的是,当一个人足够自律时,她就拥有对自己生活的主宰权,她所有生活的边界都可以由自己决定,而无须仰仗他人的约束。从这点上看,朋友的自律给予了她很大程度上的自由,并且她的自律也得到了老天爷的褒奖,她维持住了美貌,也拥有了健康的体魄、完美的身材、广阔的视野以及满满当当的生活。

或许朋友圈、美颜相机会骗人,但是自律的带给你的改变不会骗人。而你曾放纵的一切到头来都会狠狠地报复你。

如今,42岁的陈数依旧很美,她的美就像美酒,时间越久越是醇香。如果要问是什么让她与其他许多同龄女性有了天壤之别,是什么让她抵抗住了时光的威胁,美得恒久,那只有一个原因——足够自律。从她的微博

CHAPTER 06

上我们可以看到，无论工作多忙，她都会预留出时间去做瑜伽；即使与朋友聚会，也从不放纵自己，一定准时回家，绝不熬夜；睡前不管多累，都一定会做好卸妆和护肤工作……年年月月日日重复。这些工作难吗？并不难，难的是日复一日，年复一年的坚持。

后来有一次她在接受采访时是这样解释自己的自律的，所有选择都源于自己，我可以喝大酒，熬大夜，做无谓社交，但这些跟我的工作并无直接关系，这对我来说无异于浪费生命。

这段话很通透，也很真实，它的背后是陈数多年来所坚持的严于律己。难怪她可以美得恒久，难怪她能和时间赛跑。自律给了她对抗时间的底气，是她保持美丽的利器。后来这段话也不断鼓舞着我，去过自律的生活。起初或许有些难熬，但是当看到皮肤越来越光亮，气色越来越好，身体越来越健康，我就知道我对自律这件事情的付出已经开始回馈我了。

其实你可以去观察，大部分能维持住容颜的人，很少有谁是真的喜欢放飞自我的，因为她们比任何人都更明白自律才能保持住最好的状态。至于那少部分仗着自己天生丽质就毫不克制的人，多年之后，你且看她。

不要轻信什么"只放松这一次"，对信念的妥协只有一次和一万次。所有的懈怠都是一点点累积起来的，一口吃不成一个胖子，自律这件事也不是三天打鱼，两天晒网就能成功。

如果你天生漂亮，自律让你不会再终日惶恐失去美好的容颜。如果你觉得自己没有天生的漂亮，自律会让你有底气，取得超越漂亮的恒久美丽。从现在开始自律，然后年复一年，日复一日去坚持。

总有一天，你会成为自己想要的模样。

4. 知性到底美不美？

波伏娃和萨特有一本书信集，国内有这本书的汉译本，叫《寄语海狸》。海狸是萨特给波伏娃的昵称，两个人从读大学的时候开始相爱，奇妙的爱情在他们之间持续了一生。

尽管萨特和波伏娃之间的关系也有颇多非议，不过他们两个人都是公认的很有魅力的人。从外貌上来说，萨特跛脚、斜眼，身高只有153厘米，但这不妨碍他成为当时巴黎高师哲学系小圈子的社交中心人物。波伏娃容貌秀丽，个性鲜明，从小就很有主见。在获得大中学教师资格的答辩中，和她搭档答辩的正是萨特。最后，萨特在这次考试中得分第一，波伏娃第则获得二。

如果一个人有一定的阅读量，并且喜欢思考，她的容貌上就会显现出一种独特的气质，说具体些，思考的习惯会在她的脸上形成一种和谐的微表情，我们通常把这种表情称为"知性"。波伏娃应该是知性美当之无愧的代表。她的美和魅力，都不弱于当代的任何一位女明星。

那么，知性到底美不美？美是一种主观感受，波伏娃的魅力究竟如何，她的仰慕者和追随者们应该有更深的体会，不过，知性会给人的内心带来享受和安宁，却是非常实际的好处。看起来漂亮，不如活得漂亮。

在思想上，波伏娃能够和萨特平等对话。批评是一件比较容易的事情，一个人和另外一个人站在了平等的高度，却仍旧能去欣赏这个人，这是很难的。波伏娃对萨特，一直保有这种平等的欣赏，而不是仰慕者的盲目崇拜。

批评看似是一种针锋相对，实际上是最不需要针锋相对的。如果我们要去刻意地批评一个人，就可以全盘否定他的观点，把有价值的贬低为没有价值的，把有天分的说成是匠气的，把辛苦琢磨得来的成果，说成是全凭运气。想批评一个人，我们不需要学习，不需要真的懂行，只需要一些语言上的聪明。

但欣赏就不同了。欣赏一个人，需要一定的能力和刻苦学习才能完成。欣赏，不是那种虚假的客套和恭维。"您懂的真多"，这不是欣赏。要欣赏一个人，就要懂得他或者她在做什么，对自己的要求是什么，并且还能明白他或者她实现自己目标的方法是不是高明。要欣赏一个人，还要懂得这个人和他的同类之间的细微差别在哪里。波伏娃和梅洛-庞蒂、列维·施特劳斯这些影响整个20世纪思想的哲学家也都很早就相识，但她还是爱萨特，这些真挚的交往背后当然是思想上的共鸣在起作用。

换句话说，知性不仅仅是脸上的表情，它还能让你掂量清楚，一个人到底有多高的价值，既不过分高估，也不过分贬低，让你成为一个淡定的鉴定者，而不是把别人的才华当作一种神秘的魔术来崇拜。

精准评估他人的能力，直接关乎一个人的气场。知性的人，会有更稳定、更强大的气场。

我有个朋友，在网上冲浪多年，基本没遇到过骗子。原因是，这个朋友是个编辑，几乎时时刻刻都在用别人的文字以及文字中传达出来的思想给别人估值,权衡一个人在她心里的分量。于她而言,看一个人,不需要太多其他的证明,只要看他通过文字传达出来的东西到底有没有价值。她看文字,不只是停留于语言表面的精美,而是看一个人有没有见识,价值观如何,能不能在他自己的领域有一定的见解和能力。通过这样的筛选,她认识的朋友基本都是三观正,还有一定的能力或者有一技之长的,自然生活顺遂,岁月静好。

我们不从外表上来讲知性美,因为它不是像烟熏妆这样的某种化妆风格,不是什么明星通过造型就能选择的包装路线。知性美原本就是表里如一,很难靠外在的修饰去达到的。这或许也是知性美的好处之一吧。

5. 最大的幸运，是按自己的节奏成长

成长，是一件按部就班的事情。千万别想着跳步骤，跳过去的步骤，到最后都需要你加倍补回来。

衡水中学自从出名之后，每年都有很多外地的学校前去学习观摩，也有一些各地的家长想要取经。有些人看到了衡水中学一周一次的高频摸底考试，就照搬这套方法。然而使用了这套方法之后，他们发现，学生的成绩不但没有提高，学习的积极性反而降低了。

那么为什么衡水中学用这一套方法，教出来的学生却那么优秀呢？

大家看到的"衡水中学的学生很忙"只是表象，而衡水中学的老师实际上比学生更忙。他们在每次考试之后都会根据错题，分析学生目前的状态，进一步制订接下来的教学计划。

学习借鉴不能是表面、单点的,优势可能是以系统化的方式出现的。

成长,是一个渐渐获得优势的过程,通过学习,慢慢地获得优势,最后让自己的能力形成一个系统。

而凭借颜值获得的机会,就好像是忽然获得了一张只能购买指定物品的优惠券,你忍不住把它放在那里不用,却因为要使用它而搭上自己更多的本钱。

现在的很多一次性网红就是这样。比如,凭借《我的滑板鞋》走红的歌手庞麦郎。在凭借很有特色的相貌和嗓音暴得大名之后,他很快就陷入了迷茫。根据公开发表的报道,庞麦郎和华数签约之后很快毁约,搞起了失踪。

在出名之前,庞麦郎没有接触过流行音乐行业,一首单曲固然给他带来了很多机会,但完全没有准备的他,最后没有能够适应这个行业,消费自己创造的流量。

相反的例子,就是那些获得机会、把握住机会,一步步成长并走向成功的人。可能现在的很多年轻人,都不知道中央电视台的一位主持人杨澜。她被中国的很多观众所熟悉,是因为她主持过一档很著名的节目——《正大综艺》,这档节目是我国最早的综艺节目。

但杨澜也不是一下子就走红的。她毕业于北京外国语大学,原本打算是出国做金融行业。

面试的时候有评委问了她一个尖锐的问题:你觉得自己漂亮吗?

杨澜回答:"我不算漂亮,但也不丑,我觉得自己挺有气质的。为什么女孩子一定要漂亮?做主持人更重要的是要有自己的见解,不是吗?"

一开始她做的是音乐节目,节目不红,她也不红,但她认真工作,在做节目的过程中积累了一定的经验,后来才在内部选拔中进入了《正大综艺》栏目。在这个节目红了之后,她仍旧在系统学习和电视行业有关的知识,不仅在美国留学学习了传媒理论,而且还策划、制作了属于自己的栏目《杨澜在线》,采访了美国的前国务卿基辛格。

没有什么成功是一蹴而就的,自然而然得来的机会,有可能只是打乱你人生计划的诱惑。

在美国留学期间,杨澜的才能也得到了美国同行的认可,有多家电台邀请她做出镜记者,但是杨澜都拒绝了。

因为她非常明白自己的人生规划，她的目标就是要把最好的内容，奉献给中国的观众。后来，杨澜果然成了知名的制作人，站在了电视节目这个生态系统的顶端，而不仅仅是电视节目里一个台前的代言人。

人生中最重要的机会只有几次。凭借外貌，人们的确能为自己争取难得的机会，但机会背后的一连串更多机会，还是要靠实力才能把握。

只有那些把自身外表有规划地发展成事业的人，才的确有可能凭借外貌取得成功。不过，即使对于他们来说，外貌仍旧只是一块敲门砖。港星李嘉欣在接受访问时坦言："长得比较好看的人较易让人接受，但不代表可得到一切想要的。"她还认为，要靠智慧及努力，才能成功，过分注重外貌，会容易错过学习机会。实际上，李嘉欣的发展也的确不错，不仅演出了很多家喻户晓的好剧，还曾经拒任东京电影节的评委。

无论凭借自身优势获得什么样的机会，最后还是要凭借系统的规划和学习，才能真正享用到这个机会带来的好处。

6. 魅力源于美但高于美

外貌主要在陌生人社会起作用,而在熟人社会中,外貌的作用就不是那么大。那么,熟人社会中的美,除了大家已经熟悉得不能熟悉的心灵美之外,还有什么是美的呢?

这里,我想起民国大家李叔同和夏丏尊之间的一段往事。李叔同这个人大家应该很熟悉,我们从小听到的那首《送别》,歌词就出自他手,"长亭外,古道边 芳草碧连天"……这朗朗上口的歌词不知影响了多少人。

李叔同中年出家,法号"弘一法师"。而夏丏尊一生致力于语文教育,也是我国教育史上的一位大师。两个人年轻的时候当过同事,都在浙江两级师范学堂任教。那个时代的师范学堂汇集着最优秀的师资,不管社会怎么动荡,都承载着让中华文脉薪火相传的希望。

令人痛心的是,师范学堂里竟然发生了一起偷窃案。

让夏丏尊非常头疼的是，不知道是谁干的。于是他就问李叔同，这件事该怎么办。

李叔同说，这事好办。你现在就写一张告示贴出去，告诉那个贼，如果某时某刻之前，你不来自首，我夏丏尊就自杀，为这件事承担责任。

这则建议，可不是什么虚虚实实的策略。李叔同说，你如果这样做了，一定可以感动人心。不过，到了那个时候，如果没人来自首，你就得真的自杀，否则这个办法就会失灵。

要是这个办法由别人提出来，我们可能会怀疑，这人是不是有毛病，要不就是别有用心。这夏丏尊搞不好真自杀了，按现在的说法，李叔同就是个教唆犯。可是在当时，大家一听，就知道李叔同是诚心诚意这么建议的。

为什么呢？因为李叔同就是个做什么像什么的人。他还是富豪子弟时，就能不顾世俗的反对娶日本妻子；当和尚时，就认真参禅悟道；就连在戏台上面扮茶花女，也是一样的一丝不苟，有着一种狂热的女人味，正符合他饰演的茶花女的性格。如果是让他感化罪犯，他就会以性命作赌注。

现在，当我们谈起民国时期的文人风流，仍被李叔同

CHAPTER 06

的词和他的为人深深打动。这是因为,人性的美是在不断累积中显现力量的。

这种关于人性的美,在现代社会中也不断地发挥着自己的力量。

想想看,造星工业其实很懂人性——尽管明星们颜值真的迷人,但还是要为他们打造各自不同的人设。

所谓人设,就是在颜值之外,打造一个连续的人格,用人格的力量来打动观众。当这个人设符合事实,并且始终如一的时候,观众就会为明星本身的性格所折服,体会到一种超越颜值的美。

比如,刘德华的人设就是敬业。当然,作为香港四大天王之一,刘德华曾经是以颜值和演技取胜的。但随着岁月的流逝,大家其实已经习惯了他的长相,对于他的演技也不再惊讶,但刘德华的敬业精神却深深烙印在了观众心中,成了他的一张招牌。

反之,如果一个明星的人设不符合事实,或者是没法一直保持,就会出现人设崩塌的现象。一旦人设崩塌,不管颜值多高的明星,都会被群嘲,甚至成为一个笑话。

对普通人而言,我们无须像明星那样刻意打造自己的人设。但是,不知道你是否也曾经被这样的瞬间打动过呢?

一位快递员,尽管连人带车摔倒在雨中,仍然挣扎着爬起来继续送餐。他说订单快要超时了,有人还在等着他。他到了,别人才能吃上饭。

一位医生,自己父亲就在楼下做着手术,但他却说不能下去看看,因为他耽误的几秒钟,就可能是别人的一条命。别人不能替他吗?不能,因为每个医生都很忙。

邻居家的小孩子,你可能知道他成绩很差,怕是考不上什么好学校了,但他每次看到有老人上楼,都愿意帮他们拿东西,还总是把门口扫得干干净净。

这些都是现实生活中我们有可能接触到的普通人,但普通人长期认认真真地做某件事,就有一种人格化的美——这就是一个普通人的人设。

外貌的美虽然能被每个人看到,但无法长存;心灵的美,除非用行动表现,否则谁也不知道。

真正的美不是外貌,也不是心灵,而是一种打动人心的人格力量。

7. 别让美成为一种暴力

曾经在网上看到一个帖子,作者总结了所有留存下来的清朝后妃的照片。

点进去一看,评论区说什么的都有。有人说:"怪不得乾隆要七下江南,这宫里待不住啊",还有的说:"怪不得稍微水灵点的妃子就能获得独宠,原来后宫的妃子就这个水平"……

大家对清宫后妃的相貌是极尽嘲讽之能事,好像清朝皇帝是天底下最没眼光的男人。

这后宫里的妃子到底是有什么问题,怎么就这么"难看"呢?

其实,不是后宫里的妃子难看,而是拍照已经变成了现代人生活的一部分,导致大家评价照片的标准也普遍升高了而已。

从被拍者的角度来说,拍照可以找一个好看的角度，自己的侧脸从哪个方向看最美，怎么拍才能显得腿长……如果男生给女生拍照的时候找不到这个好看的角度，还会被女生责怪。

但从古代人的角度想想，那个时候别说用美颜相机了，就连曝光时间都要拉得很长，往往是被拍者从满脸笑容一直等到笑容僵硬，一张照片才能拍好。

另外，更重要的一点是，现代人对美的阈值实际上大大提高了。

阈值，是指达到一个效应的最低限度。说白了，就是现代人对美的底线提高了，古人觉得美的，现代人说不定就觉得美不到哪儿去。

比如，作家马伯庸在《长安十二时辰》这本书里写到长安城放烟火。古代放一次烟火肯定是万人空巷，大姑娘小媳妇都想出门去看看。而现在别说是放烟火，就是用烟火在天上摆造型，也不见得所有人都愿意出门看。

现在的美，已经大大工业化和平民化了。每个人都能拿起美颜相机，塑造出不等于自己的自己。我们在朋友圈里刷到的，往往是一个人最美好的一面，华服、美景、

CHAPTER 06

雪肤、花貌、大长腿……什么痘痘、雀斑、肤色暗沉,这些问题渐渐成为旧相片时代淡去的传说。

甚至,你一天内在朋友圈里刷到的"美人",可能都比清朝皇帝见过的还多。

每个人都在消费美;每个人也都在透支着不属于自己的美。靠美颜相机发布在朋友圈的那些美照,让人们充分享受到了可以量产的美。

结果当然也是由整个社会来承担。美丽值上升了,每个人都在无形中变丑了一些。即使好看如当红明星,也会被媒体追着要素颜照、卸妆照,时时刻刻面临美貌不达标的风险。

这种美,外在是暴力,内在是恐惧。

这是一场每个人都被卷入其中的赛跑,没有赢家,但谁都不想输——好看永无止境,每一刻都还能更好看;做不到无懈可击,至少也要减少破绽……

外貌在什么什么情况下最有用呢?

可能你从未想过——外貌在陌生人社会中最有用。因为有可能一个人只和你见过一两次,就从你的生活中消失了。如此，这个人给你留下的最直观的印象就是他的相貌。

但在熟人社会中，外貌就没有那么大的用处了。因为天天见面，再难看的脸也会看习惯，再好看的脸也会看烦。最后决定人和人交往质量的，就是一个人思想的包容性和深度，以及待人接物时给他人的带来的感受。

有一些内向的人，原本就生活在一个熟人社会中。他们不会从别人的认可那里获得多少快乐，或者说只愿意和数量有限的几个人来往，他们从颜值中获得的好处，其实低于那些生活在陌生人社会中的人。

我们追求美，是因为美取悦我们自己，而不是为了某种外在的标准。不过，由于现代人对美的苛求，很多时候，美已经变成某种加诸每个人身上的暴力。

那么，究竟我们是否要参加这场美的竞赛，又要在多大程度上卷入其中呢？对这个问题，不同的人会有不同的答案。

于我而言，不是每场比赛都要参加，也不是必须次次都赢。

生活是自己的，尽情发挥，尽情尝试就好。

重要的不是一个完美的结果，而是每一次的付出都不被辜负。

美在哪里？在我须以全意志意欲的地方；在我愿意爱和死，使意象不只保持为意象的地方。

——尼采《查拉斯图拉如是说》

CHAPTER 07

▷ 生命的重心在它褪尽铅华之后

CHAPTER 07

1. 所谓撒娇，不过是内心的小女生现了原形

撒娇真是个让人又爱又恨的词。有时候撒娇是润滑剂，可以把生活中那种小小的摩擦消解于无形；有时候撒娇是催化剂，能让任何一个请求都带着情趣。但也有的时候，撒娇会被等同于矫揉造作，甚至是作。

那么，什么样的撒娇方式，才能让你收到预想中的回应呢？

知乎上面有个问题，提法和回答都很有意思。这个问题是："女生的可爱和做作，区别是什么？"

最有意思的一个回答是："一起去看烟火，被落下的灰尘迷了眼睛，可爱的女生自己揉一揉也要看，做作的就要男朋友帮她吹眼睛。"

这个说法其实有一定的道理。因为在看烟火这个场景中，烟火是出发的目的和动机。看烟火的女孩子痴迷于

那一瞬间的绽放和美丽，就算是灰尘迷了眼也要看。但做作的人可能关注的只有她自己，她已经脱离了看烟火的这个场景，试图把在场者的注意力都转移到自己身上，这几乎是一种对自我的物化，因此就难免让人觉得矫揉做作了。

但是，如果再给这对恋人加个人设，就会觉得情况又不一样了。

假设，女孩子和男孩子有点朦朦胧胧的好感，但女孩子平时比较强势，男孩子则比较害羞内向。女孩子希望男孩子大胆一点，正好这时候灰尘又迷了眼。在这种感情阶段和这种人设下，女孩子请男孩子帮自己吹一下眼睛，似乎又合情合理，不显得那么做作了。

原因是什么呢？是因为我们改写了单纯的"看烟火"这个场景，把整个场景转移到了恋情的萌动发展阶段这个场景中。

是的，所有的美和可爱，都离不开当下的情境。

美不是资产，更不是一张装在自己口袋里的支票，可以随时拿出来兑现。

CHAPTER 07

其实，没有谁是天生会撒娇的，只不过是在此情此景中，月亮是这样的形状，微风又从那样一个角度吹来，突然间有了心动的感觉，内心的那个小女生突然间跑了出来。

无论男生还是女生，平时用以示人的，都是自己最得体的一面，很少有机会回归自我的感受和需要。虽然说不上戴着面具生活，但总是会有一点点不自在。懂事的你，偶尔也会有感到辛苦的时候。

而一旦情境对了，一切都恰到好处，人就会显示出自己最真实、最自然的一面，甚至回到那个童年时代的自己。这些都是伴随着情境必然出现的。

所以说，女人的撒娇，往往会在浪漫的情境中发生。当环境足够安全和舒适，甚至一切都看起来好像故事里一样浪漫，女人自然而然就会放松下来，才能找到那种依赖的感觉。

有朋友养了一只小猫，当它需要什么东西，或者想吃妙鲜包的时候，就会用两只前爪，轻轻地在朋友的腿上来回推动。有人说，那是小猫最有安全感时的动作，在任何一只小猫还是一只小奶猫的时候,就是用这种动作向妈妈索要食物与爱的。当小猫对主人做出这种动作,是因为它在主人身边找到了归属感和安全感,开始撒娇了。

每个人都想做一个独立的女子,不依附,不将就。但女人既保留着自立的权利,也保留着撒娇的权利。

用不着因为撒娇感到不好意思,因为撒娇原本就是回归最本质、最天然的你。

2. 让人戒不掉的那些情，都与颜值无关

日本有一档很有趣的节目，叫《人性观察学》。这档节目会把一些普通人放在日常不会经历的情景中，看他们会做出怎样的反应。

其中有一期找了一对普通夫妇当嘉宾，现场的催眠大师对男嘉宾进行了一些催眠术的常规操作之后，告诉他，你已经被我催眠了，现在你看你的老婆，会觉得她和当红女明星石原里美长得一样。

其实，刚刚男嘉宾闭上眼睛接受催眠的时候，他真正的老婆已经被调包了，换成了真正的石原里美。

男嘉宾睁开眼睛，定睛一看身边的"老婆"，果然和石原里美长得一模一样啊！吃惊之余，他问了这个所谓的"老婆"几个问题。一个是"我的生日是几号"，还有一个是"咱家的车是什么型号"。

石原里美事先佩戴了隐形耳机，这些问题的答案都由在后台真正的妻子现场递小抄，传到了她的耳朵里，所以回答起来并不困难。后来，主持人问，是要保持这种催眠状态呢，还是要把你原来老婆的样子换回来？男子缓缓回答：还是换回来吧！

能娶一个像石原里美一样美貌如花的老婆，是很多男人的梦想。不过，相信"把现在的妻子换成石原里美"这个问题摆在人们面前，还是会有不少人坚定地选择自己原本的另一半。

其中原因，从这位男嘉宾问的问题中可以看出来。简简单单的两个问题背后却是很有深意的，虽然他本人未必能察觉到这种深意。这两个问题，几乎可以看作人们缔结的亲密关系的本质之问。

第一个问题"我的生日是几号"，背后的意思是："你了解我吗？"第二个问题是"咱家的车是什么型号"，背后的意思是："你曾经和我一起为美好的生活奋斗过吗？"

要知道，虽然日本的车价钱不贵，由于各种条件的限制,在日本买车也不是一件容易的事。丈夫之所以问这个问题,是因为他有把握对方一定知道这台车是什么型号。很可能,两个人在添置这台车的时候就一起商量过、权衡过,发现想要速度快、性能好,就不得不舍弃舒适度,两者不能兼得,最后才选定了现在的型号。就是因为有这样比较、权衡的过程,有可能做妻子的一开始对车什么都不懂,就是个新手小白,但到最后却能记住车的型号。

两句简简单单的台词,含在嘴里,却好像千斤重的一个橄榄——平淡日子里的酸甜苦辣,一下子就涌上心头。

石原里美是有"国民老婆"美誉的日本女星,也没有人会质疑她的颜值,但这位丈夫还是坚持,要把自己的妻子"换回来"。从这位丈夫问的几个问题中,你可以想象到,一对夫妻真正相处时,大家所看重的究竟是什么。

是你懂不懂我,是咱们有没有一起奋斗过。

这种共同奋斗,不仅会酝酿出深厚的感情,还会让夫妻两个人相互塑造、相互影响,到最后,两个人的记忆里藏着的不只有关于双方的美好回忆,还有你我共同塑造的我的人格。

不管多么固执、多么自我的人,最后都会被这种感情所改变,最后产生超越颜值的心理积淀。《别闹了,费曼先生》是物理学家费曼的自传。这本书写得很轻松有趣,但是看到一个细节的时候却我流泪了。在费曼深爱的妻子去世之后,他路过一扇橱窗,看到一袭漂亮的长裙。当时,费曼心里想,裙子不错,可以买给我妻子。动了这个念头之后,他才想到,妻子已经不在了。

费曼原来是个什么样的人呢?在他还是个十几岁的小孩的时候,大家就发现他是个天才——他不喜欢和别人一起玩,他喜欢自己思考问题,喜欢一个人待着。他也有非常多的兴趣爱好,能把自己的时间安排得满满当当。

他的世界里,实际上没有别人,也不需要有别人。但是,在他和妻子在一起生活多年之后,他的想法变了,他的整个人都变了——即使只有他一个人的时候,他也会考虑到生活中的另外一个人。

世界上当然没有绝对的利他,那种舍己为人的爱情可能只在小说里存在。但是,实际的爱情却不全是舍己为人,而是让一个人融入另一个人——你中有我,我中有你。

你能戒掉情绪,但你能戒掉自己吗?

真正让人戒不掉的,就是这种在岁月中累积的感情,它和颜值无关,但却能让一个人找到最舒服的状态。

所以,世上最牢固的感情不是"我爱你",而是"我习惯了有你"。彼此依赖,才是最深的相爱。

3. 做你喜欢的事，顺便把年纪变成气质和才情

似乎绝大多数人 看到影视剧里帅气的男明星、漂亮女明星，都难免暗生爱慕之心。

可是，当代年轻人中的大多数似乎都没有那么长情，每出一部剧，就多一个"老公"或"老婆"，过后即忘。而电影电视里的明星也是一茬又一茬，仿若割韭菜，美则美矣，可是却越来越难给人留下深刻印象，仿若过眼云烟。

而电视电影的情节也千篇一律得可怕，不是俊男配美女，就是美女救英雄。才子佳人的故事谁去饰演都可以，那份"开辟鸿蒙"的悸动，不再是独一份的舍我其谁。

经典仿佛越来难出现，翻拍倒是层出不穷，却不再有从前的匠心。浮躁的社会气氛下，很难再出现一部《红楼梦》式的经典影视作品，会为了让演员更贴近贴合角

色，让主角们练习毛笔字，学古诗词，练基本功……再没有惊才绝艳的林黛玉，八面玲珑的薛宝钗，泼辣爽朗的王熙凤，她们一度仿佛真从书中活了过来，走到我们面前。而如今，更多这样的角色只能存在于我们的记忆里。

其实，那些年让我们魂牵梦萦的"红楼十二钗"真的比现在的演员更漂亮吗？为什么我们从电视里看到她们时，会有一种恍如见书中人的感觉呢？

我们在红楼梦中看到的那些"美"，本质上来源于一种"真"。这种"真"并非由演员的皮相之美带来，而是靠一种更深层次的积淀塑造而成。这种深层次的体验，来自我们对生活的阅历和感悟。

有一种路径可以在最短的时间内赋予我们这样的积淀——那就是读书。单说林黛玉的扮演者陈晓旭，再没有人能像她那样，如此用心研读《红楼梦》，甚至把自己的人生都融进了书中。

三毛说："读书多了，容颜自然改变，许多时候，自己可能以为许多看过的书籍都成过眼烟云，不复记忆，其实它们仍是潜在气质里、在谈吐上、在胸襟的无涯,当然也可能显露在生活和文字中。"

是的,女人的气质,是需要沉淀人生阅历和知识的。

读书,是我们能改变自己的另一种最宝贵的修行,哪怕现在医学发达,我也不反对用科学手段让自己变得更美,可周身的气质,却需要通过日积月累地读书,一天一点地侵染,灵魂的雕琢是没有一点捷径可走的。

读书带给我们的又岂止是气质的改变,它给我们带来的是整个人的升华,说是脱胎换骨也不过分。

我有一位朋友,上大学时疯狂迷恋一位畅销书作者,她买了这位作家的每一本书,去了他的每一场签售会,却因为自己相貌一般,有些自卑,连合影的要求都不敢开口提。

可是,另一方因为特别喜欢这位作家的文笔,为了在某种意义上跟对方更加靠近一些,她拼命读书,坚持写作,投稿参赛,笔耕不辍。因为阅读的涉猎范围广,和各类作家都能就他们的专业聊几句,更因为长时间的积累很沉淀,还能就一个问题提出许多不一样的观点,最后，她成了一个专门打造畅销书的策划编辑。

显而易见地，她现在成了更好的自己，人们看见她，愿意结识她，不会因为她的长相，而是因为她的内涵。

再美好华丽的皮囊，也总有看厌的一天，这世界永远不缺帅哥靓女。再美的容貌也总有衰败的一天，但阅读却能让一个人的思想时时更新，给灵魂注入活力，让关系保持新鲜。

而读书，就是修炼灵魂的最佳途径。用台湾著名作家林清玄的一段话来说——"更深一层的化妆是改变气质，多读书、多欣赏艺术作品、多思考，对生活乐观，对生命有信心，关怀别人，自爱而又有尊严。"

当你真正走入人生，面对世界的时候，积淀和阅历，才是你最好的妆容。

4. 微胖的人，才是这个时代的宠儿

人们总觉得自己胖——除了幻丑症之外，这也是许多人的困扰。

人们开始关注自己的体型其实是一件好事，毕竟，真正的肥胖某种程度上意味着不健康的生活方式。然而，如果越来越多的人——无论体型如何——都生活在一种"最好明天还能更瘦"的期待中，那就出了问题。

反过来想想，在一定的范围内，瘦的确是健康的表现；但是，当我们把瘦当作能掌控自己的生活、健康，甚至富有的象征，这实际上就赋予了瘦很多它原本没有的意义。

给一个东西赋予过多意义的做法，本身就是危险的。

哲学领域有个词叫"祛魅"，就是要把不属于一个东西本身的意义去掉。比如，我穿森女系的服装，也不一

定是人畜无害的草食系女子。

但是，在某些情况下，我们还是觉得做一件事要有一定的意义感——没错，如果你知道做一件事非常有意义，那么做事的时候就会更有动力。

好的意义和坏的意义究竟有什么区别呢？

区别就在于，这个意义是谁的意义，什么情境下的意义。

比如，瘦一开始是健康的象征，是富有的象征，这是因为很多西方人在有了钱之后，就开始花钱"买时间"——得到了财务自由后去健身，或者去海滩度假、晒太阳。这种对瘦身的追求，其背后是有一整套"精致的"生活方式的。

但有些人追求瘦的方式就是节食。把瘦背后的一套生活方式改变了，瘦也就不再意味着健康了。

稍微关注一下媒体，会发现有些女星，为了镜头前的光鲜亮丽，不惜用催吐、吸烟等损伤身体的方式，来追求所谓的"好身材"。由于镜头的屈光度，本来很瘦的人，上镜之后看起来也会有点胖，和真正的视觉效果有一定差距。所以,在镜头前看起来不胖不瘦的人,实际上一定是偏瘦的。

但是,这种镜头下的美,已经完全脱离真实的生活情境了。所以,一味追求上镜,只能得到毫无意义的"意义",也就是镜头语言传达出来的意义。但我们追求的,却是现实生活中给人的感受,比如,健康带来的红润的脸色和光滑的皮肤。

不仅女星如此,即便是很多普通女生也对"胖"这件事情深恶痛绝,以避免遇到喜欢的衣服却穿不上的尴尬。

比如,森女系服饰,要身材十分纤细的姑娘穿着才好看;短皮衣要又瘦又高的姑娘才能穿;想穿中筒靴,你就必须有一双铅笔腿。为了把自己的身躯塞进好看的衣服,姑娘们不得不努力努力再努力,在美食面前忍住蠢蠢欲动的心情。

但我想告诉你,没关系,那些微胖的人,也有可能分到这个时代的宠爱。

2017年,日本NHK电视台进行了一次调查,结果显示,喜欢微胖女孩的人的比例已经由2015年的40%上升

CHAPTER 07

到了2016年的73%。

微胖,不仅是男性眼中的偏爱,它还意味着在生活情境中,有这种身材的人很可能是个开朗随和的人。一篇题为《不同BMI水平大学女生个性心理特征研究》的论文显示,微胖的女生更好相处。对此,有网友调侃说,减肥是要对自己狠得下心,对自己都狠得下心来的人,对别人又能好得到哪儿去?

所以,女孩子真的用不着盲目跟风,把自己弄得太瘦。有时候,你瘦不下来,就是因为你潜意识里也明白,你没必要那么瘦。

我的一位朋友——国家认证的职业生涯规划师,曾经在自己的书里讲过一个很有意思的案例。

少毅老师在做职业咨询的时候,有个企业女高管向他抱怨,说自己减肥怎么都减不下来。因为这个学员长期做咨询,少毅对她也比较了解,就说,你不是自控力很强吗?女高管说,这方面就是没什么自控力啊,到了下午就想来一套下午茶,怎么瘦得下去呢?

那么,为什么一个平时自我管理能力很强的人,面对体型就没了自控力呢?少毅老师说,其实就是因为这个人很注重职业生涯的发展,而体型的胖瘦,在她重视的领域里得不到反馈。无论胖瘦都一样,她就失去了减肥的动力。如果她成了抖音主播,她一定很快就会瘦下来,因为她的胖瘦和颜值,每天都能得到反馈。

其实,少毅老师的说法,也符合我们的这套逻辑。如果这位女高管成了抖音主播,那么她的体型就在直播这个情境中有了意义,甚至会对她的职业发展产生很深的影响,她减肥的时候就会动力满满;而如果她不做需要出镜的工作,脱离了需要减肥的情境,把瘦仅仅当作自我要求的外在约束,她当然就瘦不下来了。

换句话说,实际上,这位女高管当然瘦不下来,因为她所谓的瘦,对她而言不是那么必须。我们也一样,其实很多人都没有那么强烈的理由必须要做一件事情。

所以,建议大部分人在减肥之前,可以先想想,自己追求的这种瘦,是不是真的有意义。或许,从心所欲而又不过分出格的你,反而能活出自己健康、自然又可爱的样子。

5. 看着顺眼，其实是最高的境界

现在，很多人找对象时就一个标准：有感觉。

再追问一句，外貌呢？很多人会说，顺眼就行。

这可就苦了介绍对象的媒人。这么两个条件，不是等于什么都没说吗？别人怎么知道你看谁顺眼？万一你看谁都不顺眼呢？

在本文中，我们解释一下，什么叫"顺眼就行"。这说明，审美判断是一种综合判断。

就是说，你要是觉得一个人好看，那绝不仅仅是好看这么简单。颜值，只是浮现在你眼中的冰山一角。

一本专门讲气质的畅销书的作者曾提出一个非常有意思的词叫"拆商"，意思是不管看起来多大、多复杂的目标，只要你把它拆解下去，一定可以变成非常微观的一个个小目标。比如，那个天天想着要移民火星的"硅谷钢铁侠"埃隆·马斯克，就是用这种方法把移民火星这样听起来一点都不靠谱的大问题，拆解成燃料运送、控制火箭成本等可以解决的具体问题。

同样的道理，所谓"顺眼"的背后，如果用拆商把它拆解下去，其实就是一个个有意味的细节。

一个人看起来顺眼，那就意味着这个人日常举止合适；待人接物合适；走路的姿态合适；想事情的样子合适；说话的语气语调也合适……

一个人行走坐卧的方式，表现出了他对自己身体的理解和定义。人所占据的，不止是和自己体积相等的一团空气。一个人坐在椅子上的姿态，把双臂放在桌子上的力度，以及他所认为自己的四肢能够伸展到什么位置，都是他定义自己身体的一种方式。

大仲马在《三个火枪手》里写到自己认为是真正贵族的阿多斯时就说，他凭借自己腿往前伸的姿势，就胜过了打肿脸充胖子的波尔波斯。

在两个人的互动中，这种身体的感觉就更明显了。

一个人的身体，其实无时无刻不在说话。而这些身体

CHAPTER 07

语言到底表达了什么,决定了你们之间的距离。你看到一个人,其实不仅仅是看到他的脸;你同时还感觉到这个人,很多理解都是在这种感觉中发生的。

比如,你坐在教室里,和很多人一起在看纪录片。你身边坐着的这个人,他在看到什么地方的时候屏住了呼吸,哪个镜头让他身体纹丝不动,集中了自己的全部注意力,你是能感受到的——这就是你对他的整体感觉的一部分——正是这些细节决定了你觉得这个人是不是"顺眼"。

当你表述一个问题,别人聆听的时候,如果他真的听懂了你最在意的那个点,那么他会在恰当的地方露出会意的、注意力突然集中的神色。这种眼神的传送,甚至连微表情都算不上,因为它不牵动脸上的肌肉,但你就是会明白这个人是否精准理解了你的意思。

这还仅仅是一个人的身体上的微小动作,如果再考虑到那些更大的动作,就更明显了。

比如,网上聊天的时候,如果对方发过来两个字——"呵呵",顿时很多人就会非常不爽。因为"呵呵"两个字开口的幅度很小,能让人感觉到这两个字似乎是勉强说出来的,即使是微笑,也只不过是一种带着高冷的敷衍。

而一连串的"哈哈哈",因为开口的幅度很大,就会让人感觉更加真诚,也更有共鸣感。

如果我们再考虑到穿衣风格,信息量就更大了。

我们常常说,审美是一种意识形态。穿衣风格和钱没有必然的关系,却和一个人对自己的社会定位的理解很有关系。关于这个话题,足可以写一本书。简要地说,即有些人的穿着打扮是为了吸引异性,有的是为了体现社会责任和权威感,有的是为了彰显自己的某种个性特征,还有的仅仅是为了舒适。

在不同的场合,一个人也许会产生不同风格的变换,但他总会有自己的基调。

所以说,"顺眼"也是有迹可循的,背后暗含的是一套标准。你看到一个人的样子时,就判断出了此人是否顺眼,其实是综合了许多方面的考虑。这种考虑是一个人意识不到的,也许是模糊地隐藏于潜意识之中,但它

CHAPTER 07

会在第一时间表现为一种感觉，让你很快就能预感到自己和对方能不能合得来。

顺眼，其实也就意味着细节背后你们的很多想法是一致的。"看着顺眼"，就是综合了颜值和三观的直觉判断。就好像当你隔着橱窗看到一种食物放在那里的时候，凭借视觉就可以部分判断出它的湿度、温度、松软度……进而揣测出它的味道是不是合你心意。

对于人来说，所谓"看着顺眼"，只不过是"这个人在气度、理解力、穿衣风格等各方面都让我满意"的另一种表达。所以，别小看美的能力，对整个世界进行判断的根基。

6. 美，就是自带仪式感

前不久，娜娜要去一个很庄重很严肃的场合参加聚会，之前她来问我：要穿什么样的衣服？

我告诉她，如果你是第一次去这种大咖云集的场合，穿一套小黑裙即可。你不可以穿得比最重要的客人更抢眼，这样会有些失礼。

另外，由于你和参加聚会的其他人都不熟，穿着的尺度不好拿捏，过于正式、太过华丽可能都不是最好的选择，简洁得体的风格比较安全。

果然，娜娜在这次聚会上很受欢迎，和几个很重要的人交换了微信，后来有一个人还成了我们的业务伙伴。

穿着，最重要的就是要分场合。场合才是美不美的第一标准。

有一起残酷的遗弃同伴的事件，曾经震惊了美国的整个华人圈。几个高校的学生——有男有女——相约一起去郊游。有一位女生在山上扭伤了脚踝，结果，这个小队没有陪她在原地等待，也没有搀扶她下山，而是把她一个人留在山上，扬长而去。

这件事引起了公愤，很多人义愤填膺地批判这个小队长，怎么可以做出这样残忍的事。

不过，当人们发现这个扭伤脚的女孩穿了什么鞋子上山之后，舆论来了个大翻转。

原来，这个"被遗弃"的女生不听劝阻，执意要穿高跟鞋上山。而且，上山后她不注意保留体力，不听指挥，更不跟随队伍的前进节奏，只顾着拿着手机到处自拍，弄得队伍中的其他人很不愉快。

她扭脚的地点距离最近的车站只有五公里，队长进城之后就联系了专业的救援人员，她的处境并不危险。

所以，美到底是什么？美不是大长腿，也不是晒到朋友圈的美颜，而是在不同的场合，穿得体的衣服，恰当地行事。懂得在恰当的时间做恰当的事，才是漂亮的第一步。

脱颖而出的第一步并不是特立独行，而是融入环境，成为集体中的一分子，再去考虑其他。杂乱无章是不会带来美的，因为美的第一要素就是和谐。

真正的美人不一定会给别人带来压力，但她一定有自己的气场。

气场这个词说起来很虚，但我可以用仪式感来解释一下：你的一举一动、一言一行，让人感受到你气质中的和谐统一，从心所欲而不脱离一定的规范，无论世界怎么动荡，都不脱离自己的轨道。

所谓气场，就是把你的存在变成一种仪式。

其实，仪式感无处不在，它构成了美的底层逻辑。

我想这也是我曾策划过的一本书——《生活需要仪式感》畅销百万册的原因之一。

在每个普通人的生活里，我们一次次地演练着自己内心的秩序和天地的法则，这就是美。

所以，姑娘，你不必在冬天穿单薄的衣服冻坏自己，因为雪天里裹上羽绒服是我们和冬天之间的约定，是四季变化赋予我们的仪式感。

CHAPTER 07

当然,这种仪式感,也不是只停留于表面。

日本著名作家三岛由纪夫的剧作《鹿鸣馆》中,影山伯爵夫人原本是一位歌妓,名叫朝子。影山伯爵之所以会对她动心,是因为一次暴力事件。

有一次,一群人持刀冲进了朝子工作的妓馆,叫嚣着要求把伯爵交出来。在通往二楼的楼梯上,他们被赤手空拳的朝子拦住了。

朝子说,这里是我工作的地方,我就是主人,我不管你们之间有什么恩怨,都不能在我面前动手。

面对态度坚决的朝子,这些暴徒被说服了,客客气气地退出了妓馆。

就在朝子拦住暴徒的那一刻,影山伯爵深深爱上了这个美丽的歌妓,最后把她娶回了家,并且不惜用一切手段俘获她的心。

作为当红歌妓,朝子的身体和面容当然都是美的,但打动影山伯爵的,是她对自己原则的捍卫,对自己身份的认同——保护每一个客人的安全,是她即使血溅当场,也要捍卫的歌妓的尊严。

认同自己的身份，在自己内心深处体验到一种深层的和谐，这是美由内而外的逻辑。

仪式感从来不会停留于空荡荡的皮相。美是焕发，是降临，是奇花初胎，是美玉上生出的光晕。借由恰如其分的姿态，你可以把世间的一切可能的美好附加给一个转瞬即逝的瞬间。

做和谐统一的自己，才是最好的仪式。不管什么样身材的人，都有权利穿任何类型的衣服，只要自己喜欢，这是你的性格和喜好赋予你的仪式感。

美，就是我们每个人自带的仪式感。

那时候,你还很年轻,人人都说你美。现在,我是特意来告诉你,对我来说,我觉得现在你比年轻的时候更美。与你那时的面貌相比,我更爱你现在备受摧残的面容。

——玛格丽特·杜拉斯《情人》

有时候，书只不过被当做催眠的利器，

然而，一本书能让失眠的人睡去，也能让沉睡的人醒来。

有多少书，能让我们看清这个世界，成为我们看不见的竞争力；

又有多少书，能让我们在看清这个世界的同时，仍旧热爱这个世界。

阅读增添感性，也是一种新的性感。

你所读过的任何书，都会进入你的心灵和血肉，并最终核成你最甜美的部分。

关于人生大问题的答案，要你自己去慢慢拼凑·

但一本本的书给出的小小回答，却可以帮你抵抗终极的恐惧。

我们的一生有限，你想去的地方，你要做的事情，也许总不能完全成为现实。

唯有读书的时候，你可以在灵魂中撒点儿野。

要知道，人生终须一次妄想，带领我们抵达未知的生命。

你的时间那么贵，要留给懂你的人。

六人行秉承"爱与阅读不可辜负"，个人发展学会坚持"陪你成长，持续精进"。

我们想让你在爱的路上想爱就爱，在成长的路上一直成长。

我们,也想要成为你精彩人生中不可或缺的一部分。

在您还没有和这本书开始灵魂碰撞之前,我们想先送您一份见面礼:

福利一:关注微信公众号:个人发展读书会,在公众号回复【365】,即可免费加入《365天读书计划》,一年读50本书,唯爱与阅读不可辜负!

福利二:关注微信公众号:个人发展读书会,在公众号回复【14】,即可免费获得价值199元的14天沟通力提升训练营,轻松成为沟通达人!

福利三:关注微信公众号:个人发展读书会,在公众号内回复【咨询】,您将可以获得资深职业辅导师一次一对一的职业咨询,手把手帮您解决职业烦恼,用持续精确的努力,获得丰厚的职业回报!

我们鼓起勇气,冒昧地给未曾谋面的您,准备了这样一份礼物。如果您愿意收下,我们会为遇到了知音感到欣喜;如果您对这份礼物不感兴趣,我们也期待在未来的某一天,我们会再次相遇。

爱与阅读不可辜负

扫码有惊喜